湖盆深水重力流
沉积机理与沉积相模式

宋明水　李存磊　张金亮　著

科学出版社

北　京

内 容 简 介

本书在对重力流沉积理论发展历程简要总结的基础上，以我国渤海湾盆地、鄂尔多斯盆地和伊通盆地等多个陆相沉积盆地为研究对象，结合沉积实验模拟，论述了重力流流体性质转换形式和转换机理的研究，明确了重力流沉积物成因解释的方法，建立了多种类型的重力流沉积模式；同时本书针对粗碎屑重力流储层沉积期次划分的难题，提出了一整套完全的沉积期次划分解决方案，并建立了层序地层发育模式。本书对完善重力流沉积理论和指导油气勘探有着重要的理论价值和应用前景。

本书可供石油地质相关科研人员和高等院校相关专业师生参考。

图书在版编目（CIP）数据

湖盆深水重力流沉积机理与沉积相模式 / 宋明水，李存磊，张金亮著. —北京：科学出版社，2023.4
ISBN 978-7-03-066296-5

Ⅰ. ①湖… Ⅱ. ①宋… ②李… ③张… Ⅲ. ①陆相沉积-沉积盆地-重力流沉积-研究 Ⅳ. ①P512.2

中国版本图书馆 CIP 数据核字（2020）第 190390 号

责任编辑：王　运　柴良木 / 责任校对：杨　然
责任印制：赵　博 / 封面设计：图阅盛世

科 学 出 版 社　出版
北京东黄城根北街 16 号
邮政编码：100717
http://www.sciencep.com

北京虎彩文化传播有限公司 印刷
科学出版社发行　各地新华书店经销
*
2023 年 4 月第　一　版　开本：787×1092　1/16
2024 年 3 月第二次印刷　印张：10 1/2
字数：249 000
定价：149.00 元
（如有印装质量问题，我社负责调换）

前　言

随着常规油气藏的日益枯竭，中国油气勘探进入隐蔽油气藏勘探阶段，以渤海湾盆地为例，重力流成因的隐蔽油气藏占总探明储量的 7.63%，说明该类油气藏的勘探潜力巨大。尽管中国重力流成因砂（砾）岩油气藏有着巨大的经济意义，但是重力流运动与沉积的复杂性，导致重力流分类标准不统一、重力流流体性质转换形式不清楚和重力流沉积物成因解释的多解性等众多问题，同时不同类型重力流的沉积物卸载和展布方式差别极大，沉积物成因的错误解释直接导致储层中砂体展布方式的错误预测，这给该类油气藏的勘探带来了巨大损失。

目前重力流沉积理论的研究主要集中在重力流运动-沉积机制和沉积物成因解释两个方面，而在重力流流体性质转换机理对重力流运动与沉积物形成影响方面的研究不够深入，缺乏对不同类型重力流在流变学、流态、流体颗粒支撑机制、不同类型重力流相互转换过程中各项流体参数的定量化表征，这直接导致目前对重力流分类方案存在争议和重力流沉积物多解性等问题。因此加强重力流流体性质转换形式和机理的研究，明确重力流沉积物成因解释的方法对完善重力流理论和指导油气勘探有着重要的理论价值和应用前景。

本书重点阐述了重力流流体性质转换机理及其应用。基于流体水槽实验从沉积物重力流流体转换角度提出重力流岩相在垂向上的变化实际反映了流体转换的过程，流体转换所导致的混合事件层在浊流与碎屑流两个看似对立的概念之间架起了统一的桥梁。通过讨论湖盆重力砂（砾）岩的成因、识别及砂体分布规律和分布模式，以中国渤海湾盆地、鄂尔多斯盆地和伊通盆地等多个陆相沉积盆地为研究对象，以层序地层学、储层沉积学和石油地质学理论、沉积动力学为指导，以沉积实验为手段，进行重力流沉积机理与沉积相模式研究。

本书由宋明水、李存磊和张金亮撰写，全书由宋明水教授统稿。本书共 7 章，前两章主要阐述深水重力流的基本概念与发育环境。第三章重点介绍重力流流体性质转换机理及其在沉积物解释中的应用。第四、五章论述重力流的沉积过程及沉积相模式。第六、七章介绍湖盆重力流沉积地层模式及沉积期次高精度对比的方法。

本书为国家重大专项"渤海湾盆地精细勘探关键技术（三期）"的部分研究成果。本书的编写得到了中国石化胜利油田分公司油气勘探管理中心、胜利采油厂、东辛采油厂、临盘采油厂等多个单位的关心和帮助，并提供了许多成果和资料，为研究工作提供了必要的基础。对所有关心、帮助本书编写和出版的个人和单位，在此一并致谢。

由于基础研究工作繁重，研究时间短，有些观点还没有上升到理论高度，加上作者水平有限，书中难免存在疏漏之处，敬请各位读者批评指正。

目　　录

第一章 绪 论

湖泊是大陆上地形相对低洼和流水汇集的地方，按其成因，湖泊可分为河成湖(如鄱阳湖、洞庭湖)、风成湖、冰川湖、火山湖(如长白山的天池)、堰塞湖、岩溶湖和构造湖等。现在全球湖泊总面积有 $2.50×10^6 km^2$，仅占全球陆地面积的 1.8%，然而，在中-新生代时期，湖泊是非常发育的。湖泊是大陆沉积物堆积的重要场所，也是有机质富集、埋藏并向油气转化的重要场所，中国目前发现的石油大多数是湖泊成因的。

中国湖盆油气勘探经过半个多世纪的发展，已进入重大发展瓶颈期，现阶段中国很难再发现整装高效大规模的常规油气存储区带，必然要走向非常规油气藏的勘探开发(孙龙德等，2010；宋明水等，2017；王华等，2018；朱筱敏等，2019)。近十年来，深水重力流沉积已经成为中国湖盆油气藏勘探和研究最为活跃的领域，相继在多个盆地的油气田勘探开发中获得较大突破，如渤海湾盆地东营凹陷、廊固凹陷、车镇凹陷和沾化凹陷沙河街组，鄂尔多斯盆地延长组，伊通盆地岔路河断陷双阳组，辽河盆地西部凹陷和滩海地区沙河街组等。

在深水环境中，大多数碎屑沉积物都是以块体-重力方式搬运的。重力流学说已成为沉积学中的重要理论，利用它可以合理地解释深海(湖)砂岩的成因。重力流是深水区域沉积物搬运的重要动力，也是海(湖)底地形的重要改造力。现代湖底调查和古代地层的研究表明，重力流可以形成巨大的沉积体。深水重力流成因砂(砾)岩储层由于与烃源岩直接接触，相比其他类型的沉积储层，含油气性最好。通过对渤海湾盆地不同沉积成因的油气藏进行含油性分析，发现该类油气藏油气充注系数一般为 60%~100%(刘磊等，2017；张景军等，2017)。但是重力流成因的油气储层由于孔隙度、渗透率较低，往往形成致密油藏、致密气藏、页岩气藏等非常规油气藏，增加了勘探开发的难度，因此正确认识重力流沉积机理与砂体分布规律是提高该类油气藏"甜点"预测成功率的关键。

中国陆相深水重力流在断陷盆地和拗陷盆地中形成两种特色鲜明的储层类型(袁圣强等，2010；郑荣才等，2012；袁静等，2016，2018；杨仁超等，2017；周学文等，2018)。前者以砂(砾)岩等粗碎屑沉积为主，主要形成于盆地陡坡带深水区；后者以砂岩、含泥砂岩等细粒沉积为主，多为拗陷湖盆中三角洲前缘欠压实未固结的沉积体(物)在重力作用下由自发向下坡运动而形成的，在滑动、削蚀、分流与稀释的过程中，形成舌状和朵状分布的多种类型的重力流沉积物叠合体。

第一节 何为"深水湖盆"

对于钻井工程师和石油地质学家来说，"深水"具有不同的含义。钻井工程中的深水是指目的层的钻探井位所处的水体深度，也就是使钻探目标位于深水环境。例如，墨西哥湾深、浅水的分界值为 200~457m，美国内务部用"深水"和"超深水"分别表示水深超过 305m 和 1524m。

从构造角度讲，Gore(1992)认为陆架是水深小于 180m 的范围。西北非洲的大陆边缘，陆架坡折的水深范围为 100~110m(Seibold and Hinz，1974)。Hesse 和 Schacht(2011)为了把海平面低位期的上陆坡沉积排除在外，将水深 500m 定义为深水。

而地质上的深水是指地下油气储层形成于深水沉积环境(Curray and Moore，1971；Hathway，1995；Famakinwa and Shanmugam，1998；张家烨，2018；赵健等，2018)。在地质学中，对"深水"的定义有很大的争议。在海相环境中，通常"深水"是指水深大于 200m 范围的区域，向海方向为陆架坡折、陆坡陆隆及海盆环境。然而，对"深水"水深的精确定义并未达成共识，Pickering 等(1989)认为"深水"专指风暴浪底之下的环境。风暴浪底的深度并非恒定值，而是随热带气旋风速的变化而变化。一般而言，在弱气旋期，风暴浪底在 20~30m 的水深范围，而在强气旋期，风暴浪底可能达到陆架坡折处或者更深(大于 200m)，使得沉积物可以搬运至陆架边缘之外。也就是说，风暴浪底从 20m 至大于 200m，并不是一个客观的标准。

湖泊水体深度的研究应该充分考虑反映水动力条件的浪基面、枯水面和洪水面三个界面。由此可以划分出滨湖、浅湖、半深湖、深湖和湖湾五个水体环境(石宁和张金亮，2008)。半深湖环境位于浪基面以下水体较深部位，地处缺氧的弱还原-还原环境，沉积物主要受湖流作用的影响，波浪作用已很难影响沉积物表面，在平面分布上位于湖泊最内部。深湖环境位于湖盆中水体最深部位，在断陷湖盆中位于靠近边界断层的断陷最深的一侧。波浪作用已完全不能涉及，水体安静，地处缺氧的还原环境，底栖生物基本不能生存。

由此可见，在湖盆环境中，深水依然无法用一个准确的深度值来描述，本书建议采用经验法并遵守以下准则来判断沉积是否处于深湖环境。

(1) 深湖环境应位于浪基面以下，静水环境是重力流沉积物形成后不被破坏改造而得以保存的必要条件。

(2) 水平层理黑色泥岩(排除沼泽环境)是识别深水环境的可靠标志。

(3) 丘状交错层理常被用作建立风暴浪底的标准，但其有效性存在争议。

(4) 正递变层理砂岩、块状层理砂岩的出现是确定深水环境的合理标志。

与海洋相比，湖泊一般缺乏陆架坡折、陆坡陆隆等构造及潮汐作用，波浪和湖流的规模及强度一般都比海洋小得多。现代湖盆地质调查表明，深水湖盆广泛发育(表 1-1)，如世界第一深湖贝加尔湖，最深处达到了水面以下 1637m。贝加尔裂谷系是在晚白垩世—始新世夷平面基础上由于断裂作用而形成的。断裂作用最大幅度超过 10km(图 1-1)。在裂谷系中心部位发育的断层长度最大、最深、最早，并以准对称形式向四周扩展。

表 1-1　世界各大湖泊的深度大小(湖泊最深处的深度)排名

排名	湖泊	深度/m	排名	湖泊	深度/m
1	贝加尔湖	1637	4	沃斯托克湖	1000
2	坦噶尼喀湖	1470	5	圣马丁湖	836
3	里海	1025	6	马拉维湖	706

<table>
<tr><td colspan="6" align="right">续表</td></tr>
<tr><td>排名</td><td>湖泊</td><td>深度/m</td><td>排名</td><td>湖泊</td><td>深度/m</td></tr>
<tr><td>7</td><td>伊塞克湖</td><td>702</td><td>13</td><td>布宜诺斯艾利斯湖</td><td>586</td></tr>
<tr><td>8</td><td>大奴湖</td><td>614</td><td>14</td><td>多巴湖</td><td>505</td></tr>
<tr><td>9</td><td>克内尔湖</td><td>610</td><td>15</td><td>萨雷兹湖</td><td>505</td></tr>
<tr><td>10</td><td>错达日玛湖</td><td>600</td><td>16</td><td>阿根廷湖</td><td>500</td></tr>
<tr><td>11</td><td>马塔诺湖</td><td>590</td><td>17</td><td>霍宁达尔湖</td><td>500</td></tr>
<tr><td>12</td><td>火山口湖</td><td>589</td><td>18</td><td>太浩湖</td><td>500</td></tr>
</table>

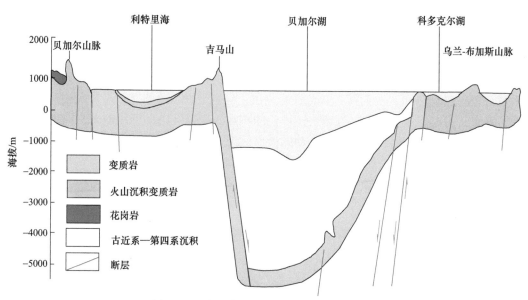

图 1-1 贝加尔湖构造断面图(杨文采，2014)

第二节 深水湖盆重力流沉积物基本特点

目前关于深水重力流的研究已取得了长足进展,其石油地质意义已得到了足够重视,但重力流的流体类型多样和沉积作用复杂,同时深水重力流实验实现难度大,不能很好地对重力流理论进行实验佐证,导致对重力流沉积理解及认识的分歧很大(Bouma and Brouwer, 1964；Tibaldi et al., 2009；耳闯等，2010；李相博等，2011；陈世悦等，2017；陈广坡等，2018)。

研究重力流的沉积特点,分析重力流与其他类型流体的异同并找出重力流沉积的特殊性是重力流沉积分析的基础。从物质组成来看,重力流是由湖水(或海水)、泥质物质和固体岩块(包括碎屑和成层透镜体),以及塑性体、未固结的岩层和碎屑组成。这种混合的流体是其他流体范畴内不曾出现的,重力流中各种成分所占的比例通常是有变化的。在重力驱动力作用下,在有湖水(或海水)的掺和时,重力流发生整体运动。许多学者都认为重力流是一种高密度流，是块体运动。

根据沉积物在流体中的含量差异，重力流可划分为沉积物重力流和流体重力流。沉积物重力流是在流动过程中重力驱使沉积物运动而带动隙间流体运动；流体重力流是流体因重力而运动并驱使沉积物向前运动。

可以看出，重力流的自身性质及其运动沉积过程都极其复杂，它主要表现在组成、运动方式、运动过程及结果上，具有非牛顿流体的性质，虽然它是块体运动，但是内部质点的运动相当复杂，产生复杂应力，使质点形成复杂的分布，从而产生各种各样的地质现象。重力流运动的特点，不仅取决于重力沉积物流的内部特征，而且与触发因素、斜坡倾角、水体深度、斜坡地形等因素有密切的关系。

断陷湖盆重力流沉积以粗粒径砂(砾)岩沉积为特色，而拗陷湖盆重力流沉积以细粒砂岩沉积为特点。

东营凹陷北坡沙四段深水砂砾岩沉积岩石类型主要包括砾岩、砂砾岩、含砾粗砂岩、细砂岩和深灰色泥岩(图 1-2)。砾石成分复杂，以灰岩为主，还有泥砾、碎屑岩砾石。其中近源区为巨厚的砾岩沉积，砾石富集且粒径大，一般在 3cm 以上，最大可达 15cm(数据来自岩心测量)，可见少而薄的灰色泥岩夹层。砾岩分选、磨圆差，多为次棱角状，层理不发育，为厚层块状，具有近源快速堆积的特点。砂砾岩底部见冲刷面，泥岩夹层处伴生小型的同生正断层，是断裂带活动的遗留标志。扇体中部为砾岩层与薄层深灰色泥岩层、砂质泥岩层间互出现，砾石粒径相对内扇明显减小，泥岩夹层在岩心中频繁出现，常见冲刷构造和强烈的同生变形构造。远源区为深灰色泥岩夹薄层粗砂岩、含砾砂岩，为扇体沉积末期小型重力流舌状体的延伸(图 1-3)。

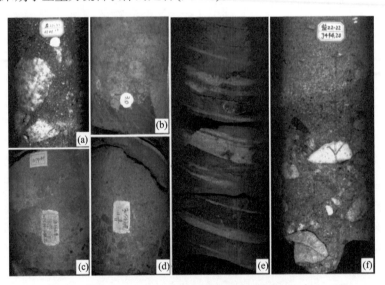

图 1-2　盐家-永安地区粗碎屑沉积物特征

(a) 盐 22-22 井，3346.16m；(b) 永 552 井，3079.49m；(c) 盐 222 井，$5\frac{16}{21}$(代表第 5 次取心的第 16 块岩心，共取 21 块。下同)；

(d) 永 552 井，$11\frac{8}{11}$；(e) 盐 22-22 井，3502.3m；(f) 盐 22-22 井，3444.3m

鄂尔多斯盆地延长组沉积时期，三角洲前缘砂体堆积过甚后，在外力触发下砂体沿着剪切面呈不规则整体搬运，在前缘斜坡带坡脚处停止滑动形成滑塌砂体(邓秀芹，2011；陈飞等，2012；高山，2017；李华等，2018)。该过程中虽然有滑塌物与周围水体进行了物质交换，但是滑塌物并未被周围流水进行充分稀释，滑动岩体内部变形较少，保留了部分原始的沉积构造，砂岩内部的沉积变形构造是滑塌沉积的典型特征(图1-3)。除典型的滑塌砂体外，延长组深水沉积物还包括含有泥砾的块状砂岩和无层理的块状砂岩，以及灰色、深灰色的正递变层理细砂岩、粉细砂岩，显示浊流沉积物层序特征(图1-3)。

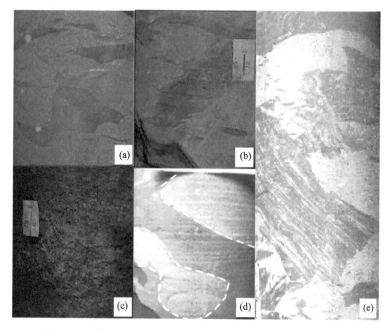

图1-3　鄂尔多斯盆地延长组滑塌沉积物、砂质碎屑流沉积物
(a) 莫17井，4163.5m；(b) 莫17井，4160.3m；(c) 前哨1井，3945.9m；(d)和(e) 宁36井，1954.2m

第三节　深水重力流沉积理论的研究现状与进展

目前已发现许多油气田的储层是各种重力流沉积成因的砂岩，这为寻找油气田开辟了新的领域。虽然重力流已受到沉积学家的关注，并开展了许多研究，但至今对它的认识还是不够充分，有待进一步探索。

一、重力流研究现状

深水重力流理论作为一种新的理论为沉积学注入了新的血液，解决了长期令人迷惑不解的深海砂体和粒序层理成因等问题，也改变了人们对沉积学研究的传统思维模式。

深水沉积研究经历了70年，争论也持续了70年。从浊流及鲍马序列开始，随着对浊流定义的过分使用，到今天对鲍马序列作为浊积岩相序及相关的扇模式普遍持否定态度，深水沉积研究经历了一个认识的旋回。主要问题和争论的焦点是：①是否所有深水砂岩都是浊流成因；②鲍马序列能否代表浊积岩相序；③是否所有的深水扇水道下方都能形成席状的、平行的、加厚的、具有丘状外形的浊积砂岩沉积；④是否可以利用地震方法识别深水扇的砂岩储层(Allen，2000；Jobe et al.，2010；杨仁超等，2015；Yang et al.，2017；操应长等，2017a；周立宏等，2018；王星星等，2018)。

对浊流概念的过分使用是把深水扇模式内几乎所有的深水沉积都解释成浊流成因，当浊流理论的神话被打破后，曾经为之建立模式的学者纷纷撰文抛弃原有扇模式。尽管浊流及相关的深水扇模式研究存在诸多问题，但是石油工业界从浊流理论和相关模式中获得了许多油气发现，勘探学家仍然希望通过这些模式寻找更多的油气，科学理论和应用出现了分化。深水沉积研究面临着对过往认识的否定和如何建立新的理论模式的重要问题(Coleman and Garrison，1977；Bouma，2001；Heron et al.，2009)。对深水沉积过程和流态的认识及沉积模式的建立是当今深水沉积研究的难点，实现深水砂岩储层的有效预测是深水沉积研究的主要目的。

中国对深水重力流理论的研究起步较晚，直到 20 世纪 70 年代才开始有公开发表的浊积岩方面的文章(李继亮等，1978)。同时，国内外学者认识到了浊流理论在沉积学中的重要地位，并于 1983 年召开了全国浊流沉积学术会议，开启了重力流理论在国内的研究热潮，在重力流沉积特征的研究和重力流沉积模式方面取得了许多重要成果，尤其是很多学者根据其研究区的地质资料，提出了多种指导油气勘探的重力流沉积模式，加上对重力流含矿性的研究也取得了一定的进展，先后在辽河油田、渤海湾盆地等许多地方发现了与重力流有关的油气藏，对国内石油工业的发展做出了重要贡献。20 世纪 90 年代以来，中国对重力流沉积的研究主要体现在对其内部的层序结构、物源方向及沉积盆地水深的研究方面，有的学者还从储层物性、生储盖组合的空间演化与构造的关系来对深水扇进行研究。进入 21 世纪后，随着砂质碎屑流和异重流概念的引入，鄂尔多斯盆地和松辽盆地等大型拗陷盆地深水块状砂岩的成因引起了国内大量学者的关注，在砂质碎屑流和异重流沉积理论方面取得了大量成果(傅文敏，1998；刘忠保等，2008；邹才能等，2009a；杨仁超等，2015；徐凯等，2017)。

二、重力流研究中存在的问题

(一) 沉积物重力流分类方案及术语使用混乱

重力流又称沉积物流、惯性流、高密度悬浮液等，是沉积物和液体混合流的总称。可见重力流的定义非常宽泛，因此在实际研究中必须对重力流进行分类，但是由于重力流自身的复杂性和难观测性，关于沉积物重力流的分类方案经历了半个多世纪的争论，目前依然没有完善的划分方案。Dott(1963)最早按照流体的流动机制将沉积物重力流划分为塑性流和黏性流两大类；Middleton 和 Hampton(1973)将颗粒物的支撑机制作为划分依据引入沉积物重力流的分类中，将沉积物重力流划分为 4 类(碎屑流、颗粒流、液化流和浊流)；Lowe(1979，1982)首次依据流体的流动状态将沉积物重力流分为流体流和碎屑流两大类，然后再根据不同的颗粒支撑机制进行了分类并提出高密度浊流的概念，将高密度浊流的沉积阶段划分为牵引沉积作用阶段、牵引毯阶段和悬浮沉积作用阶段，但是

Lowe 将这三个沉积阶段的沉积物归为高密度浊流沉积,这明显不符合浊流沉积物在浊流紊动能力降低时颗粒物质按照由粗到细依次沉降这一特征。因此 Lowe 将高密度浊流沉积过程中流体性质的转换当作高密度自身的范畴,这显然扩大了浊流的概念,导致了争论。Shanmugam(2000)也对高密度浊流的概念提出了质疑,他强调流变学的重要性,并提出了砂质碎屑流(流变学上属于塑性流体)的概念。由此可见,重力流分类是不同研究者根据不同标准建立的,而且未进行严格的流体运动参数的测定与计算,造成了重力流分类的混乱。

(二) 套用鲍马序列导致浊流沉积模式僵化

鲍马在研究法国海事阿尔卑斯山脉始新世—渐新世安诺砂岩时,采用浊流理论解释了让人迷惑不解的深水砂岩成因,并提出了著名的鲍马序列。自此以后鲍马序列在深水沉积中得到了广泛的应用,可以毫不夸张地说,只要涉及重力流成因的砂体时,总会套用浊流层序,并试图识别出鲍马序列。

事实上,鲍马序列现在也存在一定的争议,如鲍马序列中的平行层理和波状纹层都被定义为浊流沉积,但这与浊流颗粒沉积机制完全相悖。Shanmugam(1997)从深海内潮汐沉积的角度对平行层理和波状纹层被定义为浊流沉积进行了否定。如果不能很好地解释重力流层序的流体成因,则无法明确与之对应的流体运动规律和碎屑沉降机制,这时如果盲目地套用鲍马序列建立沉积模式,必然无法准确把握砂体的空间分布规律。

(三) 重力流运动与沉积过程中流体性质转换机理研究不够深入

从沉积学研究的领域看,重力流沉积一般发育在水下环境,在重力流的运动和沉积过程中,必然存在重力流与周围水体的物质交换,这是导致重力流沉积复杂性的一个主要原因,仅仅对重力流流动现象、沉积物堆积特征等问题进行定性描述或不考虑流体性质转换机理而建立沉积物成因解释模型是不足以解决实际问题的。

在重力流运动过程及运动机理研究方面,王兆印和钱宁(1984)根据流体实验提出了层移质和粗颗粒含砂两相紊流的运动规律,倪晋仁等(2000)建立了泥石流运动与堆积的欧拉-拉格朗日模型,费祥俊和舒安平(2004)等通过实验解决了水上泥石流中的粗大颗粒的输移机制,充分考虑较大固体颗粒对流体运动的影响,建立泥石流两相流本构方程。由于深水重力流运动理论分析的复杂性不仅仅表现在颗粒对流体运动的影响上,更重要的是存在流体与水体不断混合造成的流体性质的不断变化,这从本质上对流体的运动特征进行了改变。Fisher(1983)提出了重力流中的四种流体转换方式,Sobel 和 Dumitru(1997)Shanmugam(2002)通过水槽实验观察了重力流的沉积过程,并提出了碎屑流向浊流转换,但是对这种转换动力学机制的研究涉及较少,而且这些实验也存在着一个重要的问题,即实验中都是将配制好的砂泥浆(或替代品)通过管道直接倒入水槽进行实验,导致无法测定进入水槽的流体的各项运动参数,从而难以进行运动与沉积机理的定量化研究。李存磊等(2012)提出了深水重力流流动过程中由于水的稀释作用所产生的流体性质转换形式及其对砂体展布的影响,但是对其形成机理还需要进一步研究。

到目前,用于指导油气藏勘探的经典重力流沉积理论不断被提出质疑,这迫使研究者不得不更深入地研究重力流运动与沉积机理来寻求重力流沉积物成因解释的标准方法。通过流体实验建立沉积过程与沉积物的对应关系是目前针对该类问题最为普遍的研究方法，并通过实验观察的理论分析建立了重力流的牵引沉积、悬浮沉积、摩擦冻结沉积和黏性冻结沉积等多种沉积机制，根据不同沉积阶段的沉积机制对沉积物层序进行划分并建立对应关系，从而实现沉积物成因解释。例如，Shanmugam(2002)提出了重力流沉积过程的概念，描述一次重力流事件中不同流体类型的转换形式，邹才能等继承Shanmugam 的理论，在鄂尔多斯盆地研究中提出了砂质碎屑流向浊流转换的沉积模式，成功预测了储层展布。但在重力流沉积更为复杂的陆相断陷盆地的研究中，几种不同重力流流体类型之间的简单转换已经不能实现对整个沉积体系的研究，这需要更加深入地研究重力流运动和沉积过程中流体性质转换对沉积物形成的影响，如 De Blasio 等(2005)在进行 Storegga 大斜坡泥流运动数值模拟研究时，发现将流体性质转换引入数据模拟能更好地与实际沉积吻合。

(四) 沉积物成因解释困难重重

从油气勘探开发的角度来说，重力流沉积理论研究的最终目的是通过局部(单井)沉积物分析实现区域上砂体分布的模拟与预测。根据岩相及岩相组合特征进行沉积物成因解释是进行古地理恢复的主要手段，只有准确判定沉积物的流体成因，才能根据流体的运动和沉积物的展布机理进行沉积物展布预测，从而有效指导油田勘探开发。

鲍马建立的经典鲍马序列解释了浊流的整个沉积过程；Lowe(1979，1982)建立了典型的低密度浊流和高密度浊流层序，并详细描述了该层序内不同岩石相与其成因流体运动和沉积特征的对应关系；Worker 等建立典型的海底峡谷浊积扇体系形象展示了该体系沉积物与其成因流体的三维空间对应关系。但是随着研究技术的不断提高和重力流沉积机理研究的不断推陈出新，以前被奉为经典的沉积物成因解释和沉积模式逐渐暴露出越来越多的问题，例如：①国内外学者论证了鲍马序列除 A 段外其他段皆非浊流成因，Lowe 的高密度浊流层序也逐渐被否定。②在认识深水块状砂岩成因时，Stow 和 Johansson (2000)认为只有两种过程的可能性，即砂质碎屑流和高密度浊流。在这一点上，取心砂岩层中漂浮泥砾、漂浮石英砾、面状碎屑和突变顶接触的存在，指示高强度层流经过砂质碎屑流的冻结作用而发生沉积(Fisher，1971；Hampton，1975；Shanmugam，1996a；Marr et al.，2001)。③Shanmugam(1996a)认为，与现代海底峡谷中砂质碎屑流和梯级砂质不同，高密度浊流在现代海洋中没有记录，依据水动力观点定义的"高密度浊流"存在概念错误。

(五) 浊流与浊积岩等概念混乱

Lowe(1979，1982)将浊流划分为低密度浊流、砂质高密度浊流和砾质高密度浊流。然而 Lowe 提出的高密度浊流概念受到了激烈的争论，因为深水块状砂岩的塑性流变特征与液性流的高密度浊流相悖，因此 Shanmugam(1996a)认为 Lowe(1982)的高密度浊流实际上为砂质碎屑流沉积，是黏性至非黏性碎屑流的连续系列，从流变学特征看属于塑性流体，具有分散压力、基质强度和浮力等多种支撑机制(Shanmugam，1996a，2002)。砂质碎屑流概念的优点是解释了成因不清楚的水下"块状砂岩",但是 Shanmugam(1996a)对重力流的分类中并未给出正递变砂砾岩沉积体的流体成因,对多岩相共存的砾质粗碎屑沉积体成因的流体性质解释也不够清晰。

以上可见,目前对什么是浊积岩,浊流沉积后形成的沉积物是否全部可定义为浊积岩等问题存在广泛的争议。本书从浊流沉积过程中流体性质转换的角度,将浊流和浊积岩的基本特点简述如下:

(1) 浊流是紊流,紊乱是其运动-沉积机制的原则;

(2) 浊积岩只是浊流沉积的部分产物;

(3) 粒序层理是单一沉积事件的产物;

(4) "浊流层序序列"不是单一流态的产物,可以包含多种流态的组合。

也就是说,浊流层序序列不等同于浊积岩,浊流层序序列可以是浊流运动-沉积过程中在流体性质转换过程中出现的多种流态流体沉积物的组合。这对延伸浊流沉积体系非常有意义,即浊流沉积体系不是由单一的浊流形成的,可以包含其他流态。例如,鲍马等于 1962 年提出一次浊流事件形成一个特有的层序,后来我们将这个层序称为鲍马序列(Bouma et al.,1962)。鲍马又于 1997 年注意到浊流中发育的牵引流沉积单元(Tb、Tc 段)与浊流的最初定义是不一致的。所以可以说一次浊流事件存在多种流态,不同流态的有序转换形成多个沉积岩相组合,而鲍马序列仅是对岩相组合的描述。

一次浊流事件也是多种流态流体有序转换的结果,而重力流从开始形成到最后形成沉积物,更是存在多个流体阶段,不同的流体阶段之间、相同阶段内部都存在着流体性质的转换(Felix and Peakall,2006;Haughton et al.,2009;李云等,2011a),这就造成岩相描述显示浊流的多流态特征与浊流的单一流体这一概念相悖。要解决这些矛盾就必须分析重力流沉积过程,明确流体性质转换机理,描述碎屑流与浊流之间的转换关系及各个转换阶段的沉积物特征。

三、深水重力流沉积研究展望

目前,重力流理论取得了巨大的成功,但是重力流的研究存在许多重大问题。重力流分类及沉积物流体成因解释极为混乱,其主要原因是没有从根本上对重力流运移机制与沉积机制进行区分,在沉积物成因解释时,甚至把沉积物的支撑机制解释为其成因流体的支撑机制,同时由于单一类型的重力流在流动过程中会出现流体性质的转换,不同流体性质存在不同的沉积机制,从而形成多种类型的岩石相的组合,如果在进行重力流分类时不考虑流体性质转换机理而以岩石相特征进行流体成因技术分类,将扩大最初流体的含义,如 Lowe 的高密度浊流沉积是牵引沉积物、牵引毯沉积物和悬浮沉积物的组合,而有些学者认为牵引沉积物和牵引毯沉积物都不应该划为浊流沉积。由此可以引申出两个问题:①某种单一类型的重力流的沉积物是否为单一层理构造类型;②现实中观察到的沉积物组合层序是形成于单一类型的重力流在运动-沉积过程中流体性质的改变,还是形成于多种流体类型的组合沉积?明确沉积前的流体性质转换过程,考虑其沉积机制的组合类型,或许是解决该类问题的有效办法(李存磊等,2012)。

重力流沉积的研究应该说从理论到实践均取得了巨大的进展,砂质碎屑流和异重流的概念也为重力流理论进行了有效补充。尽管如此，由于深水沉积的难观测性，笔者认为今后应进一步加强重力流沉积模式及其砂体分布规律的研究，不断用新发现的事实去修正已有的理论和模式，从而使建立的沉积模式更加完善、更加符合实际。

第二章　重力流的发育环境与流体类型

第一节　重力流发育的地质环境

目前发现的重力流沉积主要存在于深水环境，在本书第一章第一节中对深水湖盆进行了讨论。事实上，重力流的发育并不受水深的影响，陆上及浅水环境都可发育泥石流、碎屑流、浊流、颗粒流等流体，尤其是洪水性河流中广泛发育浊流体系，实验水槽中也可以模拟各种重力流体系，但是重力流的演变过程(尤其是触发式重力流)及沉积物的保存却与水深有着直接关系，深水环境不受风浪影响，保证沉积物不受外力破坏，从而保存了重力流的原始沉积形态。如果重力流沉积物发育在浅水环境，在外力作用下砂体会被改造，从而形成浅水沉积物特征。从地质意义上说，静水环境是重力流沉积物形成和保存的基本环境，将"深水"的概念定义为最大浪基面以下是有一定科学意义的。

本节以国内较为典型的重力流沉积为主的凹陷为例，简要说明重力流发育和保存的地质环境的一般特点。

一、东营凹陷

东营凹陷是一个受区域性拉张作用形成的北陡南缓、北深南浅的半地堑型盆地(图 2-1)。在沙四段沉积期处于断陷活跃期，凹陷北部是由控凹断裂经风化、剥蚀改造而成的古断剥面，表现为近东西走向的陡坡带，具有断坡陡峭、山高谷深、沟梁相间的古地貌特征，形成了高山深湖的古沉积环境。陈家庄凸起作为物源供给区与邻近断层的深洼深湖紧邻，大量的风化物在重力流作用下直接进入深湖，形成纵向上连续数千米的砂砾岩(路智勇，2012；操应长等，2017b)。

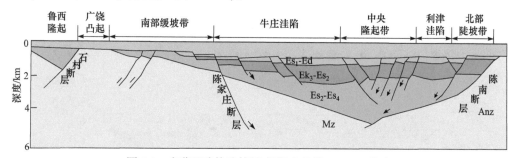

图 2-1　东营凹陷构造特征(据操应长等，2017b 修改)

二、车镇凹陷

车镇凹陷是渤海湾盆地济阳坳陷西北部的一个次级凹陷，东西长约 81km，南北宽约 23km，整个凹陷面积约为 2390km²，属于北断南超、北东断南西超的复合半地堑结构(图 2-2)。车镇凹陷的形成及演化受北部埕南断裂带活动的控制。埕南断裂带长期活动，断层落差大,构造复杂,平面上断裂产状差异大,呈明显的锯齿状,是扭张、拉张等多期构造应力共同作用的结果,凹陷内发育的北东、北西及北东东向断层将凹陷分割成不同的构造单元:北部陡坡带(大王北、盐场)、洼陷带(车西、大王北、郭局子)、南部缓坡带(车西、大王北),内部构造带具北西、北东东向两种展布趋势(郭雪娇,2011)。

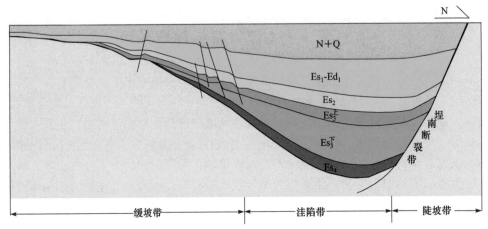

图 2-2 车镇凹陷结构特征及构造带划分示意图(据郭雪娇,2011 修改)

车镇凹陷在古近纪时期经历了一次湖侵的过程,沙三段下亚段沉积时期湖盆处于最强烈的断陷时期,湖盆深陷,面积扩大,气候湿润,降水量很大,导致相对湖平面持续上升,湖盆可容空间变大,北部陡坡带形成深湖区。

三、莫里青断陷

莫里青断陷面积约为 540km²,可划分为靠山凹陷、马鞍山断阶带、尖山凸起和小孤山斜坡 4 个构造带,剖面上可划分出 6 个构造单元(图 2-3)。双阳组沉积时期,莫里青断陷是整个伊通盆地的沉积沉降中心,接受了 1200m 厚的深湖相沉积,岩性为黑灰绿色泥岩、粉砂岩、细砂与砂砾岩互层,底部为砾岩。纵向上分为三个岩性段,与下伏古近系—新近系地层呈不整合接触(李景哲,2013)。

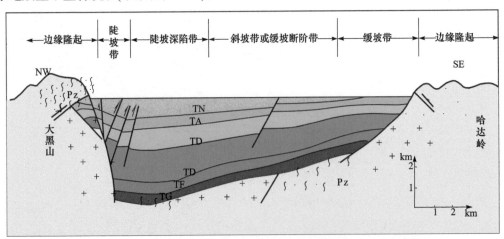

图 2-3 莫里青断陷盆地结构与单元划分(据李景哲,2013 修改)

莫里青断陷构造演化与盆地构造演化一致,主要经历了盆地形成期、扩张期、强烈差异沉降期和萎缩消亡期四个时期。①形成期:在边界断层右旋走滑作用下开始了盆地的演化,形成基岩古隆起,早期基底断层在不同方向开始活动,并对沉积起一定的控制作用。随着沉积作用的继续,许多与右旋张扭应力场不匹配的断层很快停止活动,界面断层十分发育,数量众多,方位各异。断层对基底的分割性较强,形成多凸多凹相间的构造格局。②扩张期:边界断层受强烈右旋走滑拉张作用,导致快速裂陷,盆地形成,沉积了双阳组地层。③强烈差异沉降期:奢岭组和永吉组一段沉积时期,是伊通盆地的扩展沉积阶段。该时期张扭作用减弱,盆地整体缓慢下降,沉降中心向东北部发生位移,逐渐移到莫里青断陷中央部位,沉积范围扩大,使得地貌呈现中部厚、两侧薄的现象,主要沉积了永吉组地层。④萎缩消亡期:万昌组和齐家组沉积时期,盆地受到挤压应力作用,地层发生强烈变形、褶曲,之后构造运动减弱,构造最后定型。

四、歧口凹陷

歧口凹陷为渤海湾盆地次级断陷构造单元,属古近纪以来形成的新生代陆内伸展湖盆,主体位于渤海湾盆地中心,周边被燕山褶皱带、沧县隆起、孔店凸起、羊三木凸起、埕宁隆起及沙垒田凸起围限,受主凹强烈持续沉降的影响,各次凹向凹陷中心倾覆,形成大面积分布的斜坡构造,各类斜坡区占全凹陷面积的 70%以上(图 2-4)。

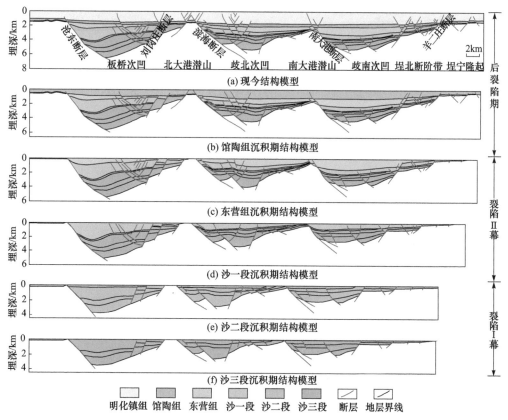

图 2-4　歧口凹陷古高今低古地貌演化史剖面图

受古构造、古物源及沉积作用的共同影响，断陷湖盆斜坡区发育多类型多级坡折体系，坡折带既是物源水下供给通道又是可容纳空间分布区，歧口凹陷沙一段沉积期湖盆宽阔统一，差异沉降明显，湖盆斜坡发育，凸凹相间格局十分清晰，湖盆整体具有西南高、东北低的特点，由于湖盆坡降较大，深水区发育，物源充足，从斜坡区到湖盆中心大面积分布重力流沉积。揭示湖盆半深湖-深湖区可形成规模较大的重力流沉积砂岩(马钰凯等，2020)。

五、南堡凹陷

南堡凹陷位于渤海湾盆地黄骅拗陷北部，盆地的形成、演化受北部西南庄、柏各庄边界断层活动的控制(图 2-5)，其演化经历了早中侏罗世—晚白垩世末的断陷形成、渐新世早中期的断陷发育、渐新世晚期的断陷扩展期和中新世的拗陷期四个构造演化阶段(刘营，2017)。

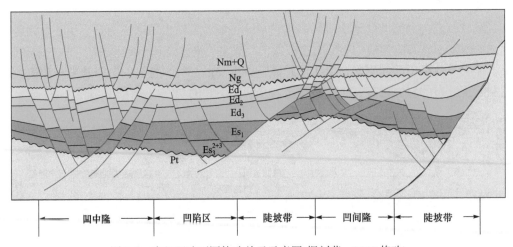

图 2-5　南堡凹陷不同构造单元示意图(据刘营，2017 修改)

南堡凹陷沙垒田、马头营等凸起，古近纪活跃的火山、断层活动及地震，东营组及沙河街组沉积期的深水环境，以及坡折带的存在为重力流沉积的形成提供了条件。区内主要发育滑塌岩、砂质碎屑流沉积、浊积岩三种重力流沉积物，其中砂质碎屑流沉积发育程度最高，单井钻遇累计厚度达 220m、单层可厚达 30m。浊积岩具有多期发育的特征，单层厚度小于 1m，具有正递变层理，发育不完整鲍马序列，Tc 段常见，Td 段少见，常见于砂质碎屑流沉积外围及上部；滑塌岩颗粒粒级较细，揉皱构造和包卷层理极为发育。

六、惠民凹陷

惠民凹陷的构造演化大致可分为断陷初始期、断陷强烈活动期、断陷衰退期和拗陷期 4 个阶段(图 2-6)，而沙三段沉积时期对应于济阳运动强烈活动时期，此时惠民凹陷处于断陷强烈活动期，伸展裂陷作用剧烈，是古近系与新近系湖盆最大断拗期，发育了较厚的砂岩与泥岩互层沉积。基山砂岩体是古近纪沙三段上亚段沉积时期发育于惠民凹陷西北部的一套碎屑岩沉积，其主体位于惠民凹陷中央隆起带中部的宿安地区。基山三角洲砂体前方发育了大量的三角洲前缘滑塌浊积岩，这些小的滑塌浊积岩体呈马蹄形分散或成带分布于基山三角洲砂体前方，叠合连片，形成了储量可观的岩性油藏。根据其成因的控制因素，可将基山三角洲前缘滑塌浊积岩划分为重力滑塌浊积岩、震积作用形成的滑塌浊积岩、波浪作用形成的滑塌浊积岩、湖水动力及洪水作用形成的滑塌浊积岩和与底形相关的砂岩透镜体等类型(Li et al.，2018)。

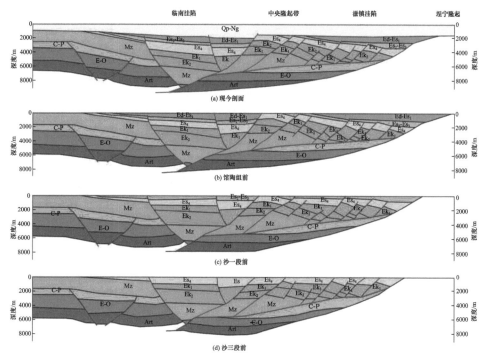

图 2-6　惠民凹陷不同构造单元示意图

七、鄂尔多斯盆地

三叠纪末期，扬子板块与华北板块的碰撞造成秦岭的快速隆升和鄂尔多斯盆地的快速拗陷，来自秦岭地区和六盘山地区的碎屑物源由河流带入，并在盆地内形成一套大型拗陷盆地背景下的河流-三角洲-湖泊相碎屑岩沉积(图 2-7)，晚三叠世盆地南部坡度可达

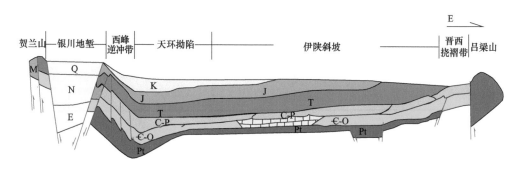

图 2-7　鄂尔多斯盆地不同构造单元示意图(据李相博等，2011 修改)

3.5°～5.5°，延长组长七段时期是延长组时期最大湖侵时期，深湖区域大面积分布，盆地南部地形陡、水体深、近物源等地质条件为重力流的形成提供了基础(廖纪佳等，2013；杨仁超等，2014)，形成了厚 80～100m 的地层，下部以油页岩、深灰色泥岩夹中-薄层细砂岩、粉砂岩为主，中-上部为深灰色泥岩与中-厚层砂岩互层(李相博等，2011)。

第二节　重力流触发机制

重力流沉积物的形成一般源自事件性沉积作用，可以分为两大类：一是洪水重力流直接入湖或海；二是斜坡带沉积物到达一定厚度后经一定的触发机制形成沉积物重力流。由此可以按照形成机制将陆相沉积物重力流划分为洪水型和滑塌型两大类。若考虑火山作用提供碎屑物源，还可以包括火山型，由于该类型比较少见，本书不做详细讨论。

详细分析重力流的触发机制可以划分出季节性洪水、沉积负载、地震、火山活动、构造过陡、静液压负载等多种类型。还有如 Masson 等(2006)以及 Feeley(2007)提出了块体搬运沉积的触发机制，认为块体搬运沉积受重力、沉积物重力、坡度及薄弱面的影响，Shanmugam 提出海相深水块体搬运沉积的 18 种触发机制，并根据触发事件分为三大类型：第一类为短期触发事件，持续时间仅有几分钟到几天；第二类为中期触发事件，持续时间为几百年到几千年；第三类为长期触发事件，持续时间为几千年到几百万年。本节着重论述湖盆重力流触发机制。

一、季节性洪水

在中国，由季风性降雨引起的块体搬运沉积频发，形成泥石流后入湖进入深水区形成水下扇体。泥石流主要形成于山区，因此山区湖盆的重力流沉积多为季节性洪水触发。断陷湖盆陡坡带深水区的重力流沉积多为该类触发机制。

二、沉积负载

三角洲前缘的块体运动(华东、滑塌和泥流)与快速沉积作用和沉积负载作用有关，在这种情况下会出现瓶颈滑动、坝前滑塌、碎屑流槽和碎屑流朵叶体等，属于泥质块体搬运。

三、地震

突发性地震是沿现今和古代大陆边缘沉积垮塌的最明显触发机制，地震及其产生的晃动使剪应力增大，而剪切力是总应力向下坡方向的分力。地震通常会诱发循环负载、增加孔隙压力、减小沉积物强度，并产生地震液化作用，从而引发沉积物垮塌。

四、火山活动

史密森学会编制了全球沿板块边界和一些大陆边缘的火山活动分布图，火山爆发是现代和古代大陆边缘沉积垮塌的一个重要诱因。伊通盆地古近系发育舒兰火山群，伊通断陷双阳组重力流沉积可能与火山活动有密切关系。

五、构造过陡

构造挤压可造成盆地一侧发生抬升，甚至使地层发生倒转。逆冲推覆作用导致构造过陡可致沉积物发生垮塌，卓明的 Goleta 滑动就是这种成因，该沉积垮塌由滑塌和泥石流组成，该垮塌体系含砾石相、砂岩相和泥岩相。

六、静液压负载

未固结的沉积物由于快速水淹引起静液压负载，这种负载作用会增加孔隙压力，并导致沉积垮塌。

第三节　重力流分类

1887 年，比重流的概念由瑞士学者 Forel 提出。1936 年，Daly 通过引用 Forel 的研究资料，对海底的侵蚀作用进行了探讨，首次强调了浊流是一种侵蚀作用很强的水下流。1937 年，Kuenen 和 Bell 认为 Daly 的观点是正确的，他们进行了一系列的水槽试验验证这种观点。1938 年，Johnson 把这种性质的水流称为浊流。1950 年，Kuenen 首先描述高密度浊流概念。1961 年，鲍马开始研究复理石沉积，1962 年概括地总结出有名的鲍马序列，并将鲍马序列作为鉴别古代浊流沉积的重要依据。1885 年，Forel 首次报道了罗恩河注入日内瓦湖时发生的异重流现象。1988 年，赵澄林等提出了粗碎屑重力流沉积体系。1992 年，Mutti 认为黏滞性碎屑流和浊流应当当作两种完全不同的流体类型。1996 年，Shanmugam 对鲍马序列提出了质疑，提出了砂质碎屑流理论。2009 年，Posamentier 发展了深水块体流理论，并认为块体流沉积是大陆边缘地层充填的重要组成。

关于重力流流体类型的研究已经取得了巨大的进展，但也出现了分类方案及术语使用非常混乱的现象。本节通过调研国内外重力流分类现状，结合中国湖盆重力流沉积实例，对重力流的分类依据和分类方案进行了梳理，最后讨论了重力流分类研究中存在的一些问题。

一、与重力流相关的概念

文献资料统计表明，到目前为止，描述重力流的术语非常多，如仅与沉积物体积浓度相关的术语就有 20 多位学者给出了不同的理解，如图 2-8 所示。

(一) 重力流

重力流是指在重力的作用下，沿水下斜坡或峡谷流动的，含大量泥沙并呈悬浮状态搬运的高密度底流。

(二) 泥石流

泥石流是指在山区或者其他沟谷深壑，地形险峻的地区，因为暴雨、暴雪或其他自

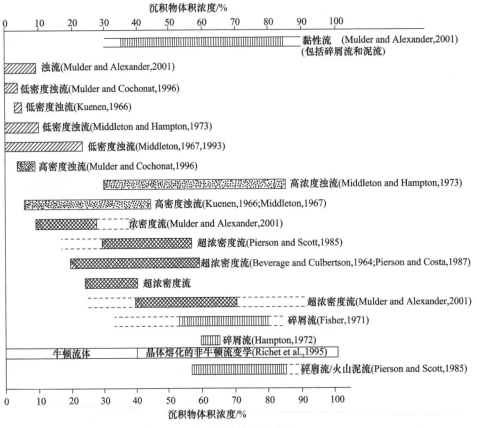

图 2-8　根据沉积物的体积浓度使用的流体类型术语(Mulder and Alexander，2001)

然灾害引发的山体滑坡并挟带大量泥沙以及石块的特殊洪流。从物质组成上看，泥石流由砾、砂、泥、水相混合，颗粒由水和砂泥形成杂基支撑，固体碎屑中砾石含量一般小于30%。

(三)碎屑流

碎屑流也称水下泥石流，是一种有塑性流变性质和层流流动状态的沉积物重力流，属于非牛顿流体的高浓度的沉积物分散体，具有屈服强度大和黏性高的特点，其流动方式为层流，流体内部的大多数碎屑流是由含水的泥基质挟带，基质的相对密度高，可达2.5，基质屈服强度和产生的浮力构成对碎屑支撑的机理。另外颗粒碰撞所产生的摩擦强度也可提供支撑。

从物质组成上看，碎屑由砾、砂、泥、水相混合，颗粒由砾石间碰撞和杂基联合支撑，流体物质组成成分的粒度范围从泥至巨大的漂砾都可能出现，固体碎屑物质中砾石一般大于30%。

(四)颗粒流

Bagnold(1954)认为，在流动的沉积物内，无凝聚力的颗粒之间的碰撞作用所产生的支撑应力可以在颗粒之间传递剪切应力所引起的颗粒流。因而颗粒流的支撑机理为"颗粒相互作用"。流体中泥质含量一般较低，砾石在固体物质中的含量一般小于30%，砂含量一般大于50%。颗粒流的概念在很大程度上来源于Bagnold(1954)的理论研究和实验工作，尚缺乏自然界中实际的模式。

(五) 液化流

松散的、含水的粉砂和砂受到突然冲击和外来压力时平衡遭到破坏而变得不稳定，这种亚稳定状态的组构瓦解可促使沉积物流体化，颗粒不再构成支撑格架，而由孔隙内流体向上运动的超孔隙压力支撑，颗粒呈悬浮状态，这时流体化的砂便像高黏性的流体一样开始运动。

从上述定义不难看出，液化作用发生的必备条件是沉积物呈松散状态堆积，有利于碎屑结构的破坏，液化作用的结果是使颗粒支撑不再是硬的颗粒格架，而是超孔隙压力水支撑砂级颗粒，其流体强度高达水的1000倍，从而使液化沉积物的流能沿3°~10°缓坡作迅速的块体流动。

(六) 密度流

密度流主要是重力和密度差异所引起静压力导致的高密度流体向低密度流体下方的侵入。引起密度差异的因素有温度、溶解质含量及混合物含量等，如淡水与盐水交汇形成的盐水密度流，河流挟带泥沙形成的浑水密度流等。Edwards定义密度流为一种密度的流体进入不同密度流体产生的一种水平流动的流体。

(七) 浊流

浊流(turbidity currents)是一种在水体底部形成的高速紊流状态的混浊流体，由水和大量自悬浮物质混合而成，类型上属于重力流的一种(流体流)，在重力作用推动下呈涌浪式前进，沉积物支撑力来自湍流流体向上的分力。浊流具有牛顿流和湍流状态，湍流是主要的支撑机制。一次浊流总是快速地开始运动，流速迅速(小于10s)达到最大值，然后逐渐消亡。

(八) 低密度浊流

低密度浊流是以水为主、沉积物为辅的浊流，低密度浊流所挟带的沉积物颗粒较细，以细砂级为主，其次为粉砂级和中砂级，粗砂级含量较少。

(九) 高密度浊流

高密度浊流指高浓度的、通常为非紊流的流体流动，其内沉积物主要由基质强度、分散压力和浮力支撑。

(十) 异重流

广义异重流的概念与密度流相同。近年来，地质学家从沉积学的角度，将异重流定义为在汇水盆地水深足够的条件下，挟带大量沉积物颗粒，导致流体密度大于稳定环境水体的密度，流体在浮力影响下，沿盆地底部流动的相对高密度流体。异重流主要受洪水触发而形成。

(十一) 岩崩

岩崩是已石化的巨大岩块受重力作用自由崩塌滑落而移动，水下岩崩多发生在水下裸露的基岩陡崖和礁前地带，分布比较局限，岩崩常伴生有碎屑流沉积。

(十二) 滑动与滑塌

滑动与滑塌是半固结的沉积物在重力作用下沿破裂的底面，顺坡向下滑动，内部仍保持一定的黏连性。滑动主要强调沉积块体的整体向下移动，而滑塌则指在移动过程中同时发生内部变形和方位转动或破裂。滑动与滑塌常紧密共生在一起，因此，许多文献中将两种作用统称为滑塌，在英文文献中，"sliding"与"slumping"有时也作为同义语相互通用。

(十三) 砂质碎屑流

砂质碎屑流是近年来日益受到重视的一种新的砂体成因类型，Shanmugam(1996a，2000)将砂质碎屑流定义为一种有别于黏性浊流的黏滞性塑性流体，代表在黏性与非黏性碎屑流之间的连续作用过程，从流变学的特征看属于宾汉塑性流体，具有分散压力、基质强度和浮力等多种支撑机制。流体浓度较高，泥质含量低到中等，颗粒沉积时表现为整体固结。砂质碎屑流的颗粒或晶粒(大于 0.06mm)的体积浓度必须大于或等于 20%。

二、重力流分类方案概述

关于重力流类型比较流行的分类方案主要有 5 种，分别叙述如下。

(一) Dott 分类

Dott(1963)最早按照流体的流动机制(流变学特征)将沉积物重力流划分为塑性流(碎屑流)和黏性流体流(浊流)两大类。

(二) Middleton 分类

Middleton 和 Hampton(1973)通过实验分析，明确提出了重力流中的颗粒悬浮的作用力主要有浮力、基质强度(黏土等细粒颗粒表面张力)、分散压力(颗粒相互作用形成)、逃逸孔隙压力和紊动力，并根据这些颗粒悬浮机制(搬运机制)将重力流分为由基质强度支撑的碎屑流、分散压力支撑的颗粒流、受向上逃逸流体压力支撑的液化沉积物流和紊动支撑的浊流 4 类。

事实上，流体流变学与沉积物搬运机制密不可分。流体流变学特征主要受沉积物浓度控制，而沉积物浓度对流体的紊流影响较大。因此单独根据流变学特征或沉积物搬运机制的分类并不能完全涵盖重力流的流体类型。

(三) Lowe 分类

自然界中的重力流在运动过程中往往不只存在一种搬运机制，而且重力流运动过程中各部分的流体性质差异性较大，造成流体不同位置的颗粒支撑机制存在较大差异，基于以上问题，Lowe 在 Middleton 等分类的基础上将流变学和搬运机制相结合提出了新分类(表 2-1)。首先根据流体性质(液态或是塑性流变学特征)分为流体态流和碎屑流两个基本类型，再结合粗粒沉积物的主要搬运机制将流体态流细分为由流体湍流支撑的浊流和由逃逸孔隙压力支撑的流体化流两种类型；将碎屑流细分为基质强度支撑的泥流、分散压力支撑的颗粒流和逃逸孔隙压力支撑的液化流三类。同时 Lowe 依据粒度分布、颗粒浓度等特征把浊流细分为低密度浊流和高密度浊流两种，又将高密度浊流细分为砂质高密度浊流和砾质高密度浊流。

表 2-1　Lowe(1979，1982)的沉积物重力流分类

流体性质	流体类型			沉积物搬运机制
液态	流体态流	浊流	低密度浊流	流体湍流
			高密度浊流	
		流体化流		逃逸孔隙压力(完全支撑)
塑性(宾汉流体)	碎屑流	液化流		逃逸孔隙压力(完全支撑)
		颗粒流		分散压力
		泥流		基质强度

(四) Shanmugam 分类

Shanmugam(2000)将沉积物重力流划分为牛顿流体(Newtonian fluid)和塑性流体(plastic fluid)，强调了流变学(rheology)在重力流分类中的重要性，并将重力流划分为颗粒流、浊流、砂质碎屑流和泥质碎屑流四种基本类型(图 2-9)。砂质碎屑流的概念内涵包括以下几个要点：①流体为塑性流变；②流体内部存在多种沉积物支撑机制(内聚强度、摩擦强度及浮力)；③运动中显示块体搬运方式；④固相组分中砂和砾为 25%～30%；⑤沉积物体积浓度为 25%～95%；⑥黏土含量变化较大。

Shanmugam 基于流变学和沉积物搬运机制的重力流分类在中国拗陷湖盆重力流研究中得到了较多的应用，其优点在于：①明确指出沉积物重力流只包括 4 个类型，并涵盖了液化流、流体化流、高密度浊流、低密度浊流、高浓度流、超高浓度流、变密度颗粒流、非黏性碎屑流、牵引毯、滑塌浊流等术语或者不是独立流体的概念；②砂质碎屑流由于是多种沉积物支撑机制，其形成既不要求像颗粒流所需的陡坡环境，也不要求像黏结碎屑流所需的高基质含量(Shanmugam，2000)，这样一个含义广泛的概念可能更符合现今条件下对深水沉积的理解；③Shanmugam 的分类及砂质碎屑流概念较好地解释了深水沉积中块状层理的块状砂岩。

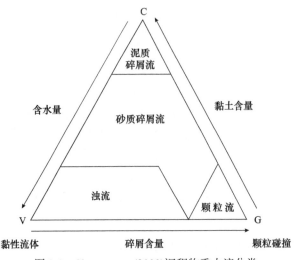

图 2-9　Shanmugam(2000)沉积物重力流分类

Shanmugam(2000)指出，颗粒流(非黏性碎屑流)和泥质碎屑流(黏性碎屑流)是塑性流的两个端元组分，而砂质碎屑流是介于颗粒流和泥质碎屑流之间的中间产物。从 4 种流体术语来看，并不包含"砾"级组分，但 Shanmugam 指出，砂质碎屑流可以在任何粒级(从细砂到砾)、任何分选(或差或好)、任何黏土含量(或低或高)以及任何模态(单峰或双峰)的泥浆中发育。该解释似乎让 Shanmugam 的分类方案涵盖了粗碎屑重力流，但事实上粗碎屑重力流有着更复杂的流变学特征及颗粒支撑机制。Shanmugam 的分类并不适合陆相断陷湖盆粗碎屑重力流的研究。

(五) Mulder 分类

Mulder 和 Alexander(2001)根据流体的物理性质和颗粒搬运机制，提出了一种新的沉积物重力流分类方案(图 2-10)，该方案首先根据沉积物颗粒是否具有黏结性，将沉积物重力流分为黏性流和摩擦流两大类；再根据流体中沉积物颗粒的含量和主要的颗粒支撑机制将摩擦流细分为超高密度流、高密度流和浊流三类。"超高密度流"相当于 Shanmugam(2002)的"砂质碎屑流"，与高密度流之间界限较难定义，以颗粒沉降进行自由分选为界限。浊流根据流动持续时间进一步划分为瞬时涌浪、较长持续时间的涌浪状浊流和准稳态浊流。高密度流和浊流的界限为 Bagnold 湍流悬浮界限 $C=9\%$，体积浓度小于 9% 的流体是真正的浊流。根据沉积物粒径分选，黏性流划分为碎屑流和泥流，泥流根据泥和粉砂含量比例可进一步划分为粉砂质泥流(泥<25%)和富黏土泥流(泥>40%)(李相博等，2013)。

三、不同分类方案的特点

通过对比上面提到的五种方案中的机制可见，Dott 和 Middleton 的分类都只考虑了一种机制，这种分类是不全面的，后面三分类考虑了两种因素，相对来说比较全面。碎屑流和浊流是五种分类中都存在的，只是对碎屑流所包含的内容争议较大，有的分类

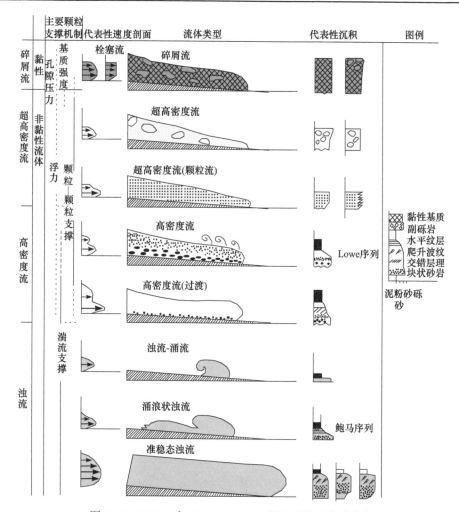

图 2-10　Mulder 和 Alexander(2001)的沉积物重力流分类

认为应该叫碎屑流，有的方案则叫砂质碎屑流或高密度浊流，较为混乱。颗粒流和液化流则不是每种分类都存在的，可见这两种分类的争议也较大。

　　Middleton 的分类中只考虑了沉积物的支撑机制，而在自然界中往往是多种流体共同作用而形成重力流，所以这种分类的引用范围比较狭隘，并且在他的分类中将所有黏性的流体都划分为碎屑流，非黏性的流体划分为颗粒流，这是不准确的。所以他的分类很难将流体的概念模式运用到实际的流体和流体演化中。

　　Lowe 的分类将重力流划得很细致，细分了流体化流和液化流两种流体，前者是指颗粒受向上逃逸的流体完全支撑，后者指颗粒受向上逃逸的流体部分支撑。Lowe 分类的不足之处在于：并不是所有碎屑流都是塑性的，也不是所有颗粒流都是非黏性的，他的分类中的高密度浊流其实就是砂质碎屑流。

　　在液化流分类中，Middleton 所说的液化沉积物流和 Lowe 所说的流体化流和液化流并不是一种独立的流体。液化流沉积是由重力荷载或地震等诱发的液化现象改造早期重力流沉积而形成的。沉积物液化前可能是块状砂岩，也可能是浊积岩。

Mulder 的分类基本遵循了 Kuenen 和 Migliorini(1950)及 Bouma 等(1962)对浊流的原始定义，将浊流限定在牛顿流体范围内，指出正递变是鉴定浊流沉积最重要的依据，这无疑是正确的。然而该分类并不完整，将基质中黏结性泥质含量较少的成层流状态的碎屑流包含到基质支撑的碎屑流范围内而不加以区分就存在一定的问题，其分类中没有包含黏结性泥质极少的、以分散压力为主的流体，说明该方案并不完整。

Shanmugam 明确提出重力流只包括了四个类型，即浊流、颗粒流、砂质碎屑流与泥质碎屑流，其他的术语如液化流、流体化流、高密度浊流、超高密度流、非黏性碎屑流、滑塌浊流等，有的不是独立流体，有的因为其本身含义不明确已经包括在砂质碎屑流的概念中，这样减少了术语的泛滥和人们的理解混乱。Shanmugam 的分类中把砂质碎屑流归为塑性流，代表了黏性至非黏性碎屑流的连续系列。但是这里的颗粒流和泥质碎屑流代表了非黏性碎屑流和黏性碎屑流的两个端元，而颗粒流中并不是所有的都是非黏性的，所以此处也不太准确。

综上所述，这几种分类都是不全面的。Mulder 的分类方法是好的，但是对于超高密度流和高密度流这两个术语没有一个明确的定义。而 Shanmugam 的砂质碎屑流的概念是可取的，可以将两种分类结合起来重新对重力流进行分类。

截至目前，沉积物重力流的分类仍比较混乱且争议很大。尽管现在的分类中充分考虑了流体的流变学和沉积物支撑机制，但是由于不同学者对重力流研究的侧重点不同或实验装置的不同，并没有形成统一的分类方案。

第三章　重力流流体性质

流体性质不仅是重力流分类的重要依据，更是影响重力流中颗粒支撑和沉降基质的重要因素，是重力流流变学和流体类型转换研究的重要参数系列。

重力流中成分复杂，富含黏土的碎屑组分虽然通常被认为是最不稳定的，但由于分子和表面力作用，具有最大的固有体积内聚力；较粗的碎屑从颗粒质量和物理填充中获得稳定性，它们本质上是无黏性的。中间泥质和细砂实际上往往是最不稳定的，它们具有弱黏性。这种复杂的成分组成造成了重力流流体性质的多样性。

流变学出现在 20 世纪 20 年代，英国物理学家 Maxwell 和 Kelvin 很早就认识到材料的变化与时间存在紧密联系的时间效应。Maxwell 于 1869 年发现，材料可以是弹性的，也可以是黏性的。经过长期的探索，人们终于得知，一切材料都具有时间效应，于是出现了流变学，并在 20 世纪 30 年代后得到蓬勃发展。沉积学中的"流体搬运"与"块体搬运"主要与沉积物的流变学特征有关，Nardin 等(1979a)指出，沉积物的块体搬运过程受控于其塑性行为，Pierson 和 Costa(1987)进一步指出，沉积物的流变学特征主要受控于沉积物的浓度。

重力流流体性质相关的术语简述如下。

(1) 流体性质：流体的很多性质与固体中的定义是相通的，如密度、压力、温度等。但也有其独特的属性，这里最典型的就是区分流体和固体的力学特性——黏性。此外，液体具有表面张力，气体具有易压缩性，这些都是流体特有的属性。

(2) 体积浓度：重力流的浓度指单位体积中固体泥沙颗粒所占的体积，属于重力流流体基本性质之一。

(3) 容重：容重指单位体积重固相和液相的总质量。

(4) 固体颗粒级配：重力流的颗粒级配是指碎屑颗粒的搭配情况，通常以重力流碎屑中各个粒组的相对含量(即各粒组占碎屑总量的百分数)来表示。

(5) 黏性：黏性流体抵抗变形或阻止相邻流体层产生相对运动的性质。

(6) 层流与紊流：当流体流速很小时，流体分层流动，互不混合，称为层流，或称为片流；逐渐增加流速，流体的流线开始出现波状的摆动，摆动的频率及振幅随流速的增加而增加，此种流况称为过渡流；当流速增加到很大时，流线不再清楚可辨，流场中有许多小漩涡，称为湍流，又称为乱流、扰流或紊流。

(7) 浆体：简化重力流的结构模式，可以将重力流分为两部分，即浆体(液相)和较粗的砂石固体颗粒(固相)。

(8) 牛顿流体：任一点上的剪应力都与剪切变形速率呈线性函数关系的流体称为牛顿流体。

(9) 非牛顿流体：指不满足牛顿黏性实验定律的流体，即其剪应力与剪切应变率之间不是线性关系的流体。

(10) 重力流的基质：在重力流中，如果流体中碎屑颗粒大小悬殊，水与小颗粒形成的浆体称为流体的基质。

第一节　重力流物质组成

重力流是由水与沉积物高度混合(高密度流体)，在重力作用下整体移动的流体，黏土及碎屑物质的含量决定了流体的流变学特征和流体性质，是重力流流体类型多样的直接决定因素。了解重力流固体物质组成是进行重力流研究的基础。

一、重力流固体物质组成特点

重力流的固体物质组成可以由各级粒径占总质量的百分比来表示，用固体颗粒的级配曲线表示，以泥石流为例，图 3-1 为不同类型重力流的典型颗粒级配曲线。泥石流颗粒级配对其运动及沉积规律有很大影响，因此对泥石流固体物质组成特性的研究受到普遍关注。但需要指出的是，在重力流中，流速等参数对流体类型存在影响。

由于重力流流体类型多样，不同类型重力流的物质组成差异极大，多数类型的重力流内部弥散着大量碎屑物，主要为泥质物、粉砂、砂，有时还挟带砾石。

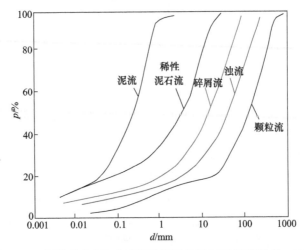

图 3-1　不同类型重力流典型颗粒级配曲线(王兆印和钱宁，1984)

(一) 碎屑流

碎屑流沉积常由粒径范围宽广(数毫米至数米)的碎屑组成，按泥质含量可将碎屑流分为富泥质的和贫泥质的两类。

富泥质碎屑流中富含黏土或灰泥基质，呈典型的杂基支撑，砾石级颗粒漂浮其中，这反映碎屑流流动时完全靠基质强度和浮力支撑，是典型的碎屑流。

贫泥质碎屑流中泥质含量较低，通常具颗粒支撑。这反映在碎屑流流动过程中颗粒的相互接触也是一种支撑因素，含量不高的泥、水基质除了提供浮力和屈服强度作用外，还能起到润滑作用。

(二) 颗粒流

颗粒流中泥质含量极少，多由无凝聚力的碎屑颗粒组成。

(三) 液化流

形成液化流沉积的关键条件是沉积物中饱含水和快速堆积，沉积物由颗粒间逸出的流体向上运动所支撑而发生流动。颗粒流中碎屑物粒度较细，泥质含量可大可小。

(四) 浊流

浊流中的悬移物质主要为砂、粉砂、泥质物，有时还挟带砾石。

(五) 砂质碎屑流

Shanmugam 指出，砂质碎屑流中颗粒浓度中等至较高，泥质含量低至中等，没有准确的颗粒浓度和基质含量，因为它们随着颗粒粒度和组分的变化而变化，但流体中碎屑粒度较细。砂质碎屑流的颗粒或晶粒(大于 0.06mm)的体积浓度必须大于或等于 20%。

二、重力流浆体浓度对流体性质的影响

重力流的液相浆体是由水和泥质物质所组成，细粒颗粒的巨大亲水表面积水膜分子力的作用，使细粒物质与水混合成一个近似均质的浆体。浆体组分中颗粒成分的粒径上限应根据重力流流体中固体颗粒的粒度组分来确定，一般情况下，浆体中颗粒组成的主体应是 $d<0.005$mm 的颗粒，但浆体颗粒的上限粒径不可能总是固定不变的，因为随着重力流浓度的提高及粗碎屑的大量出现，粉砂级甚至细砂级粒径的碎屑物质都可能成为浆体的组成部分。浆体浓度的增大，可以使更粗颗粒由推移运动转入悬移运动，从而导致流体的运动特征发生改变。

当流体浆体浓度很低时，流体黏度不高，流体运动时紊动强烈，显示牛顿流体的一般特征，可划入浊流的范畴。颗粒在流体中的悬浮可以用紊动扩散理论的悬砂分布函数指数的形成来表达，即

$$\frac{\omega}{xu_*} \leqslant C \tag{3-1}$$

式中，ω 为颗粒沉速；x 为卡门常数；u_* 为摩阻流速；C 为常数。

当流体浆体浓度很高时，浆体呈现宾汉流变特征，屈服剪切力的存在，可以使浆体具备挟带粗碎屑物质运动的能力。该类流体可划入碎屑流的范畴。浆体挟带固体颗粒粒径的上限值可以通过以下公式来估算：

$$d_0 \leqslant K \frac{\tau_0}{(\sigma - \rho)g} \tag{3-2}$$

式中，d_0 为极限粒径；τ_0 为浆体屈服切应力；σ 为颗粒密度；ρ 为浆体密度；g 为重力

加速度；K 为常数，取 10～20。

第二节　流体的内部作用力

一、碎屑流内部作用力

碎屑流流体内的作用力由浆体所传递的作用力、固体颗粒间的相互作用及固体颗粒与浆体接触界面上的相间作用力共同构造。

浆体内部阻力随流型及流态的不同而不同。碎屑流为非牛顿流体，最常见的为宾汉流体。在层流流态下宾汉流体的内部阻力以切应力表达为

$$\tau = \tau_B + \eta \left(\frac{\mathrm{d}u}{\mathrm{d}y} \right)^2 \tag{3-3}$$

式中，τ 为剪应力；τ_B 为宾汉极限剪切力；η 为运动黏性系数；$\mathrm{d}u/\mathrm{d}y$ 为切变率。τ_B 和 η 与液相(浆体)中的组成及浓度有关。在紊流流态下，根据试验及野外观测，τ_B 随紊动增强而迅速减小，以至于接近消失。

固相内部作用力是指粗颗粒间的相互作用力，颗粒间的作用力主要通过颗粒之间的接触来传递。在重力流中颗粒之间存在的接触形式与颗粒间的距离有关，主要有颗粒之间无相对运动地传递接触面上的颗粒质量和摩擦力、颗粒之间碰撞接触产生的碰撞离散压力和碰撞离散剪应力以及颗粒之间的滑动滚动接触产生的剪切力。

在持续的静态接触应力研究中，最著名的是 Mohr-Coulomb 定律。该定律认为接触应力包括颗粒互相接触、传递剪切面以上颗粒压力及颗粒之间的相互摩擦力。剪切面上剪切应力与正应力的关系如下。

Tigue 提出的静态接触摩擦剪应力表达式为

$$\tau_c = C \cos\phi_0 + \eta_1 \left(S_v^2 + S_{vm}^2 \right) \sin\phi_0 \tag{3-4}$$

式中，C 为颗粒之间的黏结力；ϕ_0 为颗粒内摩擦角；η_1 为系数；S_v 为流体浓度；S_{vm} 为流体极限浓度。

相当于：

$$p = \eta_1 \left(S_v^2 + S_{vm}^2 \right) \tag{3-5}$$

事实上，当浆体浓度较高且固相颗粒较少时，颗粒在基质支撑下并不相互碰撞，在更多的情况下颗粒之间相互紧密接触，颗粒间发生挤压滑动而逐步向前推进。浆体浓度越高或颗粒浓度越高这种现象越明显。固相浓度较高的高浓度碎屑流中，黏粒之间形成聚团，颗粒与颗粒、颗粒与聚团之间形成网状集合体，此时水被禁闭在颗粒的网格结构中，随着固体浓度的进一步提高，聚团与聚团之间会组成聚团集合体，从而形成紧密的蜂窝状结构。此时每一个凝胶的颗粒都有不清楚的界面，说明颗粒表面存在一个吸附层。高浓度碎屑流屈服应力与固体颗粒体积浓度呈正相关。只有在颗粒浓度较低的碎屑流流体中，或在浓度较低的上层流层中，才能看到颗粒的互相碰撞，因而将只考虑颗粒惯性

碰撞作用的试验结果应用于碎屑流运动有一定的局限性。

二、颗粒流内部作用力

位于水下坡度为 α 的陡坡上的碎屑颗粒主要受 4 种力的作用(图 3-2),即重力 G、陡坡对碎屑颗粒的反作用力 N、碎屑颗粒与陡坡面之间的摩擦力和水体阻力 f、浮力 F_f。则垂直向下的力 $F=G-F_f$ 可以分解为垂直和平行陡坡面两个方向上的分力 F_1 和 F_2,即

$$F_1 = F\sin\alpha \tag{3-6}$$

$$S \propto F_1 - f \tag{3-7}$$

式中,S 为颗粒搬运距离,与 $F_1 - f$ 成正比。由此可见,当 $G>F_f$,且 $F_1 > f$ 时,且如果碎屑颗粒将沿着斜面向下滑动,颗粒的搬运距离主要与重力 G、浮力 F_f、坡度 α 和阻力 f 四个因素有关。当坡度 α 和阻力 f 一定时,重力 G 越大,F_1 也就越大,搬运距离越长。但是当 $F_1<f$ 时,则可能出现大颗粒在后小颗粒在前的情况。以上两种情况主要取决于颗粒性质和碎屑流流体的流速。

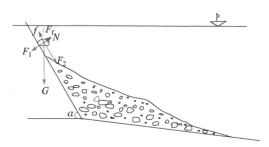

图 3-2 颗粒流内部颗粒的受力分析及分异规律

Bagnold(1968)做了颗粒流实验,他在两个不等大的同心鼓膜之间的环形空间进行抗剪切性实验。结果发现,颗粒流能够在黏滞性砂级颗粒中发生,流体的黏度对颗粒流搬运十分重要;同时还发现,在非黏滞性的惯性砂级颗粒中,流体的黏滞力不起重要作用,惯性的碰撞力和颗粒弹跳起主导作用。于是 Bagnold 导出剪应力 τ 与分散应力 c(沉积物内部剪应力)之间的关系:

$$\frac{\tau}{c} = \tan\varphi \tag{3-8}$$

式中,φ 为沉积物的内摩擦角;τ 与 c 的关系,无论在惯性或黏滞性颗粒流中都为常数,主要取决于沉积物的内摩擦角 φ;实验证明,对于黏滞性颗粒流 $\varphi=37°$,对于惯性颗粒流 $\varphi=18°$。Middleton(1970)研究表明,如果孔隙中流体的密度为 2.0g/cm³,黏性颗粒流体需要的坡度角为 10.5°,惯性颗粒流体需要的坡度角为 4.5°,那么就可以发生颗粒流的块体搬运作用。

三、浊流内部作用力

浊流的沉积作用是很快的,要了解浊流的运动过程应考虑到一些复杂因素,包括密度、容重、粒度分布、流体与周围水体的密度差异等。从流体力学方面的研究,将问题

简化到二维空间中，可以用方程 $\tau_0 + \tau_i = \Delta\rho g h \alpha$ 来表示浊流的流动条件，式中 τ_0 为底部的剪应力，τ_i 为浊流与上覆水体层间的剪应力，$\Delta\rho$ 为有效密度，h 为流动层厚度，α 为底面坡度。当密度差引起的重力超过底界和上层界面的剪应力时，流体即可流动。许多人都曾研究过稳定的、均一的流动特征，Middleton 提出过舍兹型方程，得出浊流流速为

$$v = C' \sqrt{\frac{\Delta\rho h \alpha}{\rho}} \tag{3-9}$$

式中，C' 为修正的舍兹系数，由比重和流动阻力综合而成，并将平均流速与水力学半径及坡度相联系；$\Delta\rho$ 为有效密度，ρ 为流体密度，h 为流动层厚度，α 为底面坡度，还讨论了底部粗糙度、雷诺数以及流动阻力等对 C' 的影响。由于流体界面要通过几个阶段，从界面光滑清晰到波状再进而呈碎浪状，所以对流体界面流动的估计比较复杂(李汉瑜，1979)。

Klein 提出浊流界面上波动与扰动混合的流动条件要取决于弗劳德数 Fr，即

$$Fr = \frac{v}{\sqrt{\dfrac{\Delta\rho g h}{\rho}}} \tag{3-10}$$

Klein 还曾用 Fr 及雷诺数 Re 测量了界面的稳定性，即

$$\theta = -\frac{1}{\left(Fr^2 Re\right)^{\frac{1}{3}}} \tag{3-11}$$

实验表明湍流范围的流体，其 θ 的平均临界值为 0.18，当 $\theta > 0.18$ 时，不致发生混合。

根据上述方程，可知悬浮载荷越大，$\Delta\rho$ 越大，则流速越快。当 α 增加时，Fr 也增大，并控制了界面的稳定性，同时由于对流动阻力的影响而控制舍兹系数，从而影响流速 v，流速越人，湍流越急，也就使更多的颗粒处于悬浮状态。这种悬浮物密度和黏度越大，也就越难有扰动，从而对于最大的流动能力和容量可有一最佳的雷诺数，在 Fr 增加，且 θ 超过临界值时，界面波形将被破坏，并与上覆流体层更加混合，从而减小了 $\Delta\rho$，出现更大的流动阻力，使密度流消散。这样，顺斜坡下流的浊流就处于速度、湍流以及弗劳德数的上下界之间的平衡中(李汉瑜，1979)。

四、流体中碎屑物支撑机制

(一) 基质强度支撑

基质强度支撑在碎屑流中最为典型，碎屑流中泥质或细粒成分为支撑基质，粗碎屑颗粒悬浮于基质之中。碎屑流的浓度比浊流高出 1～3 倍，为非牛顿流体。李林等(2011)对碎屑流特征进行详细分析，指出碎屑流的塑性流、黏结流与层流特征对应着碎屑流屈服强度、内聚力与层状结构特征，随之产生凝结沉积、滑水机制与层面排列等现象。

实质上，碎屑流中沉积物的支撑机制主要由其塑性流变性质决定，与其所具有的屈服强度直接相关，主要包括黏土-水基质所产生的基质强度(包括内聚强度和黏附强度)，以及颗粒碰撞所产生的摩擦强度。例如，Middleton 和 Shanmugam 认为碎屑流中沉积物

是靠基质强度(黏土-水基质的内聚强度)、分散压力(由颗粒碰撞产生的摩擦强度)和上浮力(由水和细粒物质混合产生)支撑的。

砂质碎屑流作为碎屑流中的一种，其颗粒以砂为主，基质中黏结性泥含较少的碎屑流。在黏土含量少、只在颗粒接触处存在的砂质碎屑流中，黏土-水基质起到了成分意义上的基质作用，表现为黏附强度。试验表明，颗粒支撑的碎屑流沉积中的黏土重量含量低至2%甚至0.5%，或泥基(黏土+水基质)体积含量低至5%，足以起到润滑碎屑流中的颗粒以防止摩擦锁定的作用，并能提供碎屑流自身的流体强度(高红灿等，2012)。

(二) 扩散应力支撑

Bagnold用水槽进行高浓度水砂两相流实验，发现当颗粒浓度超过一定值后，紊动消失，出现层流两相流，有些研究工作者称这种两相流为颗粒流。这种流动中的有效重力(颗粒重力与浮力之差)不是由紊动扩散作用，而是由颗粒相互碰撞产生的离散力支持。王兆印等通过水槽实验井下较细致的研究，称其为层移质运动。在层移质运动中，颗粒和颗粒、颗粒和水体之间始终存在着相对运动，尽管在流动中颗粒均匀分布在流区内，但当流动一旦停止，颗粒可在重力作用下与水迅速分离，所以层移运动是一种两相流。

当非黏性固体颗粒浓度非常高时，如果维持运动的能量足够大，水沙两相流就可能进入层移质运动。层移质运动中不存在尺度大于颗粒的紊动旋涡，宏观上显示层流特征，不存在颗粒的垂向交换，而微观上，固体颗粒在很小范围内随机脉动，相邻颗粒碰撞，产生离散力以维持离散流动状态。层移质运动中固体颗粒在空间上均匀分布，时均流速的垂向分布介于挟沙紊流和纯液体层流之间，层移质运动的阻力比具同样黏度的纯液体层流大得多，并且固体颗粒比重及浓度越大，阻力越大(王兆印和钱宁，1984)。

颗粒流中碎屑可以是粗砂和砾石，因此颗粒流沉积中往往含有较粗的颗粒。颗粒流沉积特征是块状厚层，顶底界面有突变，底面平整有滑动模等特殊底痕和负荷构造，有时可出现模糊的平行层理，碟状构造，大的泥岩岩屑或硅质岩屑。在粗颗粒流底部可见反递变层理。Stauffer P H(1967)认为颗粒流沉积的主要特征是缺乏典型的浊流构造或牵引流构造。据室内水槽试验，不含泥质的无黏性颗粒流流动所需的坡度很大，坡度高者达18°～37°，最常见的颗粒流是沙丘或水下沙波前积坡上崩落的砂流，海底峡谷下部和海底扇水道中可出现局部颗粒流沉积。

(三) 超孔隙压力支撑

一种突发的震动，导致未固结的沉积物强度丧失而使孔隙压力(即孔隙内流体的静压力)增大称为超孔隙压力。液化流是由粒间流体向上运动所产生的超孔隙压力支撑砂级颗粒的流体流，沉积作用发生时，孔隙水穿过沉积颗粒向上运动产生泄水构造。液化流往往伴随其他重力流类型发生，先期碎屑流、浊流等快速沉积形成的沉积物原地泄水液化或滑动-滑塌过程中的液化作用都可以形成液化流。液化流沉积物以发育液化变形及其伴生构造为特征，在岩心中常见液化成因碟状构造和砂(泥)岩脉及液化结束后在振动和重力作用下上覆细砂、粉砂层向软性泥质沉积物中沉陷、泥质沉积物向上挤入而成的重荷模、火焰构造和砂质球枕等的砂泥岩互层，构成液化砂(泥)岩相。

(四) 紊动支持

碎屑物质靠流体的紊动力保持悬浮状态，当流动强度减小、流水紊动能力减弱时，碎屑物会按粒度大小依次先后沉降。多数学者认为浊流是由湍流悬浮的沉积物形成的密度流，具有牛顿流和湍流状态，紊动是主要的支撑机制。

第三节　重力流流变学特征

流变学研究的是流体和固体形态物质的流动和变形特征，即剪切应力与剪切应变率之间的关系。根据流体的流变特征，可以将流体分为牛顿流体和非牛顿流体两大类，流体的流变性质主要由沉积物浓度决定，与搬运颗粒的大小和物理化学特性相关性较小。

凡服从内摩擦定律的称为牛顿流体，牛顿流体中随着流速梯度(或称剪切变形率)的变化，其动力黏滞系数始终保持常数，即剪切应力与剪切应变率之间满足线性关系。不服从内摩擦定律的称为非牛顿流体，非牛顿流体或者剪切应力与剪切应变率之间不满足线性关系，或者具有一定的屈服强度，当外力大于屈服力时，才开始像牛顿流体一样流动(如塑性流体，或称宾汉流体)(图 3-3)。

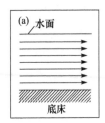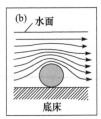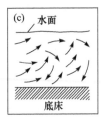

图 3-3　层流和紊流示意图

(a) 流经平滑基底的层流；(b) 流经平滑基底上球形颗粒的层流；(c) 流经平滑基底的紊流。箭头表示流体的流动路径

浊流的沉积物浓度较低(体积浓度一般为 1%~23%)，而碎屑流中沉积物浓度一般较高，其中，砂质碎屑流体积浓度为 25%~95%，泥质碎屑流体积浓度为 50%~90%。牛顿流体和非牛顿流体的边界体积浓度一般为 20%~25%。碎屑流的最佳拟合流变模式是宾汉模式，即碎屑流是一种具有塑性流变或非牛顿流变性质的流体，呈层流流动状态；而浊流具牛顿流变模式，呈完全的紊乱流动状态(高红灿等，2012)。

浊流是不服从内摩擦定律的非牛顿流体。浊流是一种特殊类型的重力流，其具有较高含水性，符合牛顿流体特征，内部碎屑在湍(紊、涡)流机制下悬浮。

层流和紊流本质上的差别在于惯性力的比率不同。惯性力与流体的数量、速度以及可以引起流体紊流和压制紊流的黏滞力有关。黏滞力来自流体的黏度，可以抵制流体的扭曲变形。惯性力和黏滞力的关系用无量纲的数(雷诺数)来表示：

$$Re = \frac{UL\rho}{\mu} = \frac{UL}{\nu} \tag{3-12}$$

式中，U 为流体速度；L 为水深；ν 为运动黏滞系数；ρ 为流体密度；μ 为黏滞系数。

当黏性力占主导时，如高密度流，雷诺数很小，流体为层流。一般流速低、深度浅的流体的雷诺数比较小，流动方式主要是层流。当惯性力占主导、流速较大时，雷诺数较大，流体为紊流,如自然界中的气体和大部分河流中的水体均属于紊流。由式(3-12)可以看出，黏度的增大与流体速度或深度的减小对雷诺数的变化具有相同的影响。实验表明，当 Re 大于 2000 时，流体为紊流，当 Re 小于 500 时，流体为层流，当 Re 为 500～2000 时，流体为过渡型流动，具体的还要根据河道的深度、形状等边界条件来判断。在边界条件给定的情况下，可以用雷诺数来判断流体是层流还是紊流，并获得一些紊流参数。

浆体的流变特性是指其受剪切变形时的切变率与剪应力的关系。对于泥沙悬浮液，大量试验表明，在浓度较高时流变关系为

$$\tau = \tau_B + \eta \frac{du}{dy} \tag{3-13}$$

式中，τ 为剪切力；du/dy 为切变率；η 为刚度系数；τ_B 为宾汉极限剪切力，由细颗粒絮凝作用形成。在悬浮液浓度较低，或细颗粒含量很少时 $\tau_B \approx 0$，这时悬浮液的流变关系可写成

$$\tau = \mu \frac{du}{dy} \tag{3-14}$$

式中，μ 为黏滞系数，在宏观上表现为浆体的黏稠程度。

具有式(3-13)流变关系的浆体称为宾汉体。对于缺乏细颗粒而固体含量很高的浆体，由于颗粒之间的摩擦作用，也表现出式(3-13)形式的流变特性，这时 τ_B 正是由于颗粒间的相互支撑作用形成，并非属于细颗粒的絮凝作用；具有式(3-14)流变关系的浆体称为牛顿体。试验研究表明，在河渠或沟道中运动的泥浆悬浮液由于紊动强烈，即使悬浮液浓度较高，也会因细颗粒絮凝结构受到破坏，使 $\tau_B \to 0$，而表现出牛顿体的特征，泥石流体也具有上述特性。

从实际意义上说，研究浆体流变性的主要目的是确定不同条件下式(3-13)及式(3-14)中的 η、τ_B、μ 等参数。

爱因斯坦最早提出，清水中加入浓度为 S_v 的固体颗粒后，当 S_v 很小时，其黏度与同温度下的清水黏度之比为

$$\mu_r = 1 + 2.5 S_v \tag{3-15}$$

式中，μ_r 为相对黏度。以后出现了很多类似的公式，1965 年 Thomas 通过分析整理大量已发表的资料，提出了一个综合性的经验公式，在近代有关文献中还常见到，其形式为

$$\mu_r = 1 + 2.5 S_v + 10.05 S_v^2 + A \exp(B S_v) \tag{3-16}$$

其中两个可调整的常数 A=0.00273，B=16.6。

以上都是假定颗粒较均匀且较粗，所以式(3-15)和式(3-16)中没有反映出固体颗粒组成对黏度的影响，同时这些公式只适用于固体浓度较低，即颗粒间距离较远的情况。

第四章 重力流中碎屑物的迁移与沉积规律

第一节 重力流运动的一般特征

在流体力学中,紊流的判别值是雷诺数,即当 $Re>2000$ 时,就开始有紊流发生;碎屑流则具有一定强度,当所施加的应力超过一个临界值后,变形才开始出现并呈线性正相关,其发生紊流的判别值应为雷诺数值和宾汉值。按照这一概念,可将流体搬运与块体搬运的概念做如下定义:如果沉积物呈牛顿流体状态搬运,即属于流体搬运;如果沉积物呈塑性流体(非牛顿流体状态)搬运,则属于块体搬运。流体搬运与块体搬运的主要区别特征见表 4-1。

表 4-1 流体搬运与块体搬运的区别

项目	流体搬运	块体搬运
流变学特征应变关系式	牛顿流体 $\tau = \mu\gamma$	宾汉塑性流体 $\tau = K + \mu\gamma(\tau > K$时$)$ $\gamma = 0(\tau \leqslant K$时$)$
颗粒状态	颗粒之间无黏性,水分子可自由进入沉积物颗粒之间	颗粒之间有黏性,水分子不能自由进入沉积物颗粒之间
流动特征	由水和沉积物组成的二相流动	水与碎屑物构成一个整体
搬运状态	液体	软沉积物
实例	牵引流、浊流、水	碎屑流、颗粒流

由上述分析可以看出,流体搬运和块体搬运主要与流体的流变学特征有关,其实 Nardin 等很早就指出,沉积物的块体搬运过程受塑性行为控制。Pierson 等进一步研究指出,沉积物的流变学特性主要受沉积物的浓度控制,与沉积物颗粒大小和物理化学性质关系不大。也就是说,流体流变学特征与浆体浓度相关性最大。但是流体中大粒径碎屑对流体流变性也存在一定的影响,因为目前的流变仪很难测定大碎屑物质的流变性,因此还需要进一步研究。沉积物的浓度是水下沉积物搬运形式(流体搬运或块体搬运)的主控因素,大粒径碎屑物可以作为辅助因素分析。

重力流中不仅含有大量粒径不同的固体颗粒,而且由于含有较多黏土质细粒物质组成不同浓度的浆体,其运动过程中重力流内部固体颗粒的运动形式极为复杂,颗粒在基质支撑作用、悬浮作用(由湍流引起)、跳跃作用(水力的上举和牵引引起)和牵引作用(质点在底床上的拖曳和滚动)等多种机制相互作用下发生运动。

当沉积物在盆地周围的斜坡上堆积过甚时,在重力超过沉积物的剪切强度时,半固结的沉积物会顺坡向下移动，产生滑动与滑塌运动。如果地形条件允许，滑塌沉积物会继续向前运动，在这个过程中，滑塌物不断破裂，同时内部不断变形并与周围水体不断混合，从而呈现多种不同的运动状态。Middleton 和 Hampton(1973)指出了这个过程中多种流体类型的共存及变化特征，如图 4-1 所示。

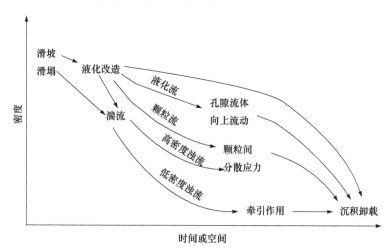

图 4-1　浊流与其他重力作用类型的关系(据 Middleton and Hampton，1973 修改)

重力流运动的性质取决于重力流运动的特点。由于重力流流体的组成、运动距离、规模、运动速度和运动状态都随时间而变，可以把重力流运动的整体体系划分为四个阶段(图 4-2)。

一、滑塌阶段

重力流在激发动力下，开始发生运动，运动速度较低，呈蠕动，运动性质近似于层移型，雷诺数小，相当于垮塌和滑动的初期，因此，地层在滑动过程中没有发生破碎，仅仅发生滑折和弯曲(图 4-3)，这是真正的整体块体运动(贾振远，1990)。

二、过渡阶段

滑塌后期，由于剪切应力不是足够大，局部岩层体并没有破坏，还保留了层面与滑动面平行。该阶段重力流运动处于过渡状态，既有涡旋及局部的近似层流状态，其外部还存在湍流。

三、碎屑流阶段

重力流随时间和运动发生变化，运动速度加快，雷诺数变大，这时重力流运动不仅依靠重力前进，而且还产生了惯性力，使重力流加速运动。同时，剪切应力增强，岩层破碎，形成以基质支撑的整体运动的流体，呈现碎屑流的特征。重力流运动虽然是块体运动，但并不是不可变的，在整体运动过程中，内部质点常常由于各种应力作用的不均匀性而产生内部挤压，使重力流沉积物中形成揉皱。

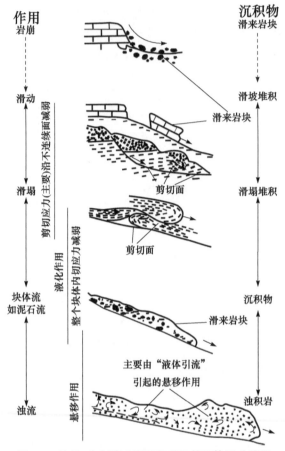

图 4-2　块体-重力搬运作用类型及其流体运动阶段

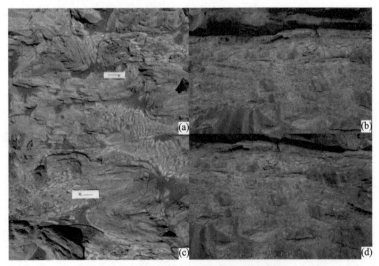

图 4-3　重力流运动的滑动变形构造

四、浊流阶段

由于滑动面变缓，惯性力减弱，重力流运动速度减缓，重力流内的颗粒发生分异和沉淀，重力流运动继续处于湍流状态。

第二节 重力流运动实验模拟

沉积模拟研究始于 19 世纪末期，从 Deacon 于 1894 年首次在一条玻璃水槽中观察到泥沙运动形成的波痕开始，至今已走过了逾百年的坎坷不平的研究历程。以往将沉积模拟研究分为三个阶段，即 19 世纪末至 20 世纪 60 年代的以现象观察描述为主要研究内容的初期阶段、20 世纪 60 年代至 80 年代以底形研究为主要内容的迅速发展阶段、90 年代以来以砂体形成过程和演化规律为主要研究内容的湖盆砂体模拟阶段。现阶段的水槽实验模拟不仅注重理论问题，更注重实际问题，与油气勘探开发结合起来，沉积模拟开始由定性转向定量，由小型水槽实验转向大型盆地模拟，推动了不同学科的交叉与繁荣，促进了实验沉积学的飞速发展，奠定了现代沉积学的基础。

为了探索断陷盆地陡坡带不同边界断裂条件下重力流的沉积特征及其沉积动力机制，本书利用砂箱和中型水槽开展了陡坡带重力流沉积模拟实验，在陡坡带近岸水下扇、湖底扇的沉积特征、规律方面取得了新的认识。

一、技术路线

模拟实验遵从以下思路：

(1) 根据研究对象的边界断层形态、结构和沉积物组成、展布等特点，设定设备的物理模型参数。

(2) 选择模拟参数，包括流体的物性(流体物质组成、容重、密度等)、化学性质、流变学性质(黏性、弹性、应力、应变等)、流态(雷诺数、流速、压降、黏度等)、运动学参数(流速、流线、流量、内摩擦力等)、环境参数(水深、水平面变化、原始地形坡度、原始河道形态、造波、震动、活动底板等)。

(3) 优选模拟实验方案，实施物理模拟，并实时监控沉积体的发展演化过程。

(4) 实验结束后，对沉积体形态、表面特征及内部结构进行全面的观察测量，建立岩相空间分布模型。

二、实验设施与实验结果

本书采用如图 4-4 所示实验装置进行重力流运动与沉积的模拟实验，流体性质转换模拟实验管路为"2→3→4→5→6→7→8→9→13→14→15→16→17→1"。实验材料为清水、黏土和不同粒度的石英砂。

实验中配置不同性质(容重、体积浓度、碎屑颗粒级配)的流体。实验中，将流体以一定的速度进入水下斜坡，低浓度流体的实验过程如图 4-5 所示，沉积后平面图如图 4-6 所示。高浓度流体的实验过程如图 4-7 所示。

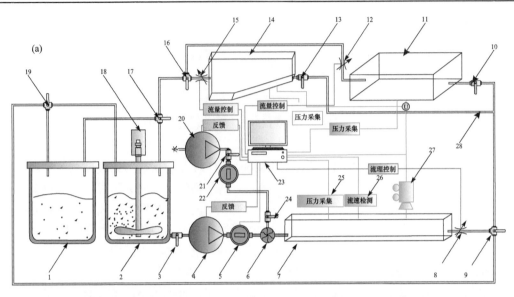

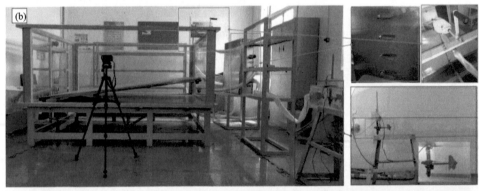

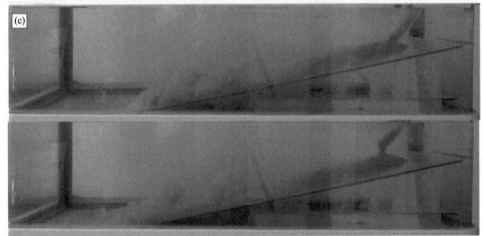

图 4-4　重力流运动与沉积实验装置

(a) 实验装置示意图(1. 回收水箱；2. 泥浆池；3. 阀门 1；4. 泥浆泵；5. 泥浆流量计；6. 混合器；7. 长矩形玻璃水槽；8. 节流阀 1；9. 三通阀 1；10. 阀门 2；11. 宽玻璃水槽；12. 节流阀 2；13. 阀门 3；14. 窄玻璃水槽；15. 节流阀 3；16. 三通阀 2；17. 三通阀 3；18. 泥浆搅拌机；19. 三通阀 4；20. 清水泵；21. 阀门 4；22. 清水流量计；23. 计算机；24. 阀门 5；25. 压力传感器组；26. 流速仪；27. 高速摄像机；28. O 形软管)；(b) 实验装置图；(c) 实验过程图

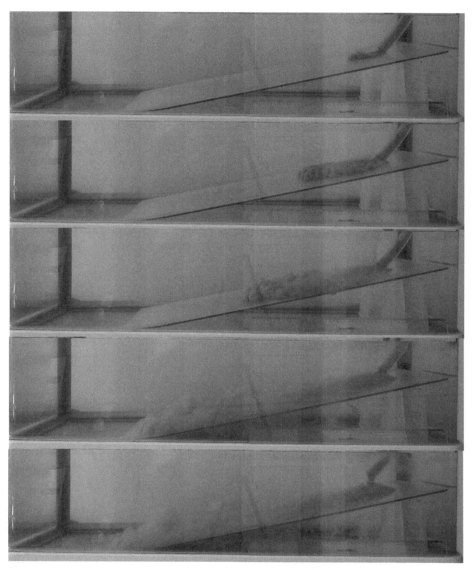

图 4-5　低浓度流体实验过程图

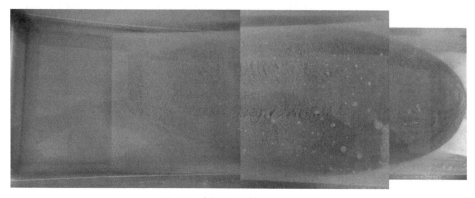

图 4-6　低浓度流体沉积平面图

图 4-7　高浓度流体实验过程图

三、实验结果分析

实验表明，流体顶部与水的混合最为充分，流体内颗粒在向下的重力、向上的浮力及向后上方的湍动力的作用下运动。流体中部显示明显的分层特征，底部为碎屑流，顶部为浊流。流体顶部与边部显示浊流特征(图 4-8)。

在重力流运动过程中，碎屑颗粒(尤其是大颗粒)在流体中不发生沉降的机制是研究重点。通过实验研究，从流体运动的不同部位，结合流体性质转换机理，对颗粒的运动形态及受力特点进行了重新分析，得到了一些新的认识(李存磊等，2018)。

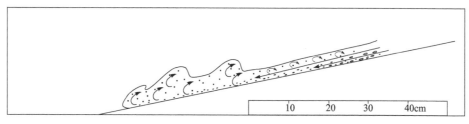

图 4-8　重力流运动过程实验及描述

实验表明，水下重力流在运动过程中并不是单一流体类型存在，流体内部由于流体类型的不同，颗粒支撑机制存在着根本差异。从水槽实验看，流体内部分为以下几个明显的区域(图 4-9)。

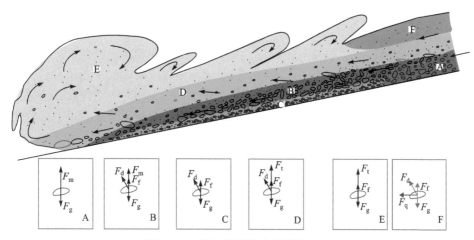

图 4-9　流体内部颗粒受力分析示意图

A. 高浓度碎屑流区；B. 低浓度碎屑流区；C. 颗粒流区；D. 高浓度浊流区；E. 低浓度浊流区；F. 牵引流区。F_m. 基质支撑力；F_d. 离散力；F_f. 浮力；F_g. 重力；F_t. 紊动力；F_q. 牵引力

(一) 高浓度碎屑流区

实验水槽内出口流体浓度接近配置流体浓度，离管道出口较近处，呈现块体运动的特点，固体颗粒与浆体运动速度一致。高浓度碎屑流中浆体具有较高黏性和高屈服应力，属于非牛顿流体，相当于碎屑流，这是黏性碎屑流颗粒悬浮机理研究的主要依据。内部颗粒主要靠基质支撑力的作用而不发生沉降，在高浓度碎屑流中是浆体主要靠屈服应力支持颗粒悬浮，流体屈服应力的影响因子很多，除固体颗粒成分和固体颗粒浓度外，还有颗粒大小、颗粒形状、离子种类和浓度等。自然界中高浓度碎屑流浆体中含有大量的黏土矿物(如蒙脱石、绿泥石、伊利石和高岭土等)，黏土矿物巨大的表面吸附性造成了颗粒悬浮的稳定性。

(二) 低浓度碎屑流区

高浓度碎屑流在运动过程中进一步稀释，流体浓度逐渐降低，颗粒不再被浆体完全束缚，因此，泥石流浆体的基质支撑力不再是支撑颗粒运动的主要机制，颗粒碰撞产生的离散力是低浓度碎屑流中颗粒运动的另一种形式，两者的共同作用是流体中颗粒悬浮的原因。低浓度碎屑流属于塑性流体，支撑机制包括基质强度、分散压力和浮力，为层状流体，与 Shanmugam 提出的砂质碎屑流的主体部分(即不包括顶部湍流云)基本一致。

高、低浓度碎屑流的区分以流体内部颗粒是否产生离散应力为标志。需要指出的是，浓度并不是区分两种流体的直接标志，如相同体积浓度的碎屑流体中泥质与碎屑质含量比例不同，也可导致支撑机制发生变化，因此是否产生离散应力是区分两种流体的直接标志。

(三) 颗粒流区

推移质运动区之上，由于水的淘洗作用，泥质含量降低，颗粒含量增大，流体不稳定性增加，负荷逐渐向底部富集，颗粒由碰撞产生的分散压力支持，形成颗粒层流，Lowe 称其为牵引毯层。

该区域流体在颗粒运动过程中显示典型的反序特征，即较小颗粒在下部运动，较大颗粒在上部运动。这种现象可能由离散力引起，含泥质较少的颗粒在高速运动中发生相互碰撞，从而产生使体积膨胀的离散力，颗粒粒径越大受到的离散力越大，从而导致大颗粒向表层移动，小颗粒沉积在底部。颗粒的反序结构也可能与运动过程中颗粒的振动造成小颗粒从大颗粒的空隙中向下运动有关。

(四) 高浓度浊流区

划分高、低浓度浊流区界限常用的两种方法为：①把固体颗粒的体积浓度大于 5%的两相流称为高浓度两相流，反之，称为低浓度两相流；②从颗粒的运动机理来区分，颗粒间相互碰撞不能忽略时，两相流即为高浓度两相流，反之，为低浓度两相流。高浓度两相流紊流的颗粒相也具备低浓度两相流紊流的颗粒相运动特征，但此时颗粒间的碰撞不能忽略，应该考虑因颗粒间碰撞而引起的颗粒扩散。

(五) 低浓度浊流区

低浓度浊流为典型的细粒浊流，悬移质运动是较细颗粒在紊动涡漩作用下，漩涡动量在垂直方向交垄处产生的力能支持颗粒在水中所受到的力，使得细颗粒悬浮于水中，这种悬浮细颗粒又称为悬沙。悬移颗粒的运动速度与水流基本一致，因而并不消耗水流势能。维持其运动的能量来自水流的紊动动能，所以水流中有了悬移颗粒后要求加强紊动动能，以保持颗粒悬移不沉。同时有了悬移质后，由于水流黏性增大，增加了克服水流内部阻力的能量消耗。

(六) 牵引流区

低浓度浊流后部由于浊流的带动，流体流速较高，颗粒与水体的混合更为充分，泥质含量降低，紊动力降低，颗粒主要在流体拖曳力的作用下作滑动、滚动或跳跃运动，显示推移质运动特征，推移质运动速度低于重力流流体运动速度。运动中颗粒相互碰撞、摩擦，因而消耗流体势能，这与悬移质能量消耗有本质的不同，推移运动随纵坡的增大而不断加强，这种现象不仅限于床面。颗粒的有效重力不是由紊动扩散作用，而是由颗粒相互碰撞产生的离散力及相互摩擦所支持，流体显示牵引流特征。

第三节　重力流沉积性质转换机理

沉积物重力流形成过程中，存在多个流体阶段，不同流体阶段之间存在复杂的流体性质转换。流体性质转换主要是重力流浆体浓度变化引起，是沉积物重力流沉积中重要且常见的现象，是强调重力流流体水动力学特征，确定沉积物构造和垂向及横向变化的依据。

一、流体性质转换宏观现象

Kuenen(1952)和 Morgenstern(1967)的实验和推测表明，当流速足够大时，塌陷或泥石流可以改变浊度流(体变形)，而含水量没有变化，从而产生内部湍流。这可能与雷诺数和宾汉值有关。

Bouma 等(1962)提出深海浊流的形成和运动一般可分为三角洲阶段、滑动阶段、流动阶段和浊流阶段，可见浊流不是一开始就形成的，刚开始往往为液化沉积物流、颗粒流或碎屑流。

Hampton(1972)很好地描述了表面变换。他展示了从水下泥石流表面剥离的沉积物如何变成湍流的现象。表面变换中包含的其他类型的变换是那些可以在水力跳跃中发生的变换(Komar，1969，1971a，1971b)或者流体可能进入泥石流的下面(Allen，1970；French and Wilson，1980)以产生混合并且可能发生湍流变形。

Kruit 等(1975)和 Nardin 等(1979b)根据运移的沉积物块体内部解体程度，依次将水下块体-重力搬运作用及其沉积产物区分为岩崩、滑动和滑塌、沉积物重力流。沉积物重力流是沉积物和液体混合物的总称，其层内的黏连性已破坏，单个颗粒在液体介质中因受重力作用而移动，并带动液体一起流动。上述这些作用，在一次块体搬运事件中，可能一起发生，而且它们之间存在相互转化的关系。

Fisher(1983)提出了重力流流体的四种转换形式，即体转换、重力转换、面转换和淘析转换(图 4-10)：①当流动的流体在层流和湍流之间发生变化时，没有明显的间质流体的增加或损失，就会发生体转换。②重力转换是在最初的湍流中，充满粒子的流体被重力分离，并高度集中，其本质是层流流动的下层流，而上层的湍流则具有更稀的湍流。③当环境空气或水在流动边界上混合或损失时，会发生表面转换。在高浓度流动的顶部、液压跳跃处或流动的流体下方的拖曳而发生表面转变，导致稀释，随之产生湍流，并将分离之后的流体变成层流和湍流。④淘析转换是通过从高浓度(浓相)床向上流动的流体对颗粒进行筛淘而形成的，从而在底座上方产生湍流来稀释相床。这种转换可以使火山碎屑流的上部产生灰云涌(Fisher，1979)。

Masson 等(2006)通过研究重力流中沉积物与颗粒含量百分比的变化关系提出重力流体系中存在流体性质转换，并认为重力流中最常见的流体性质转换出现在碎屑流与浊流之间。

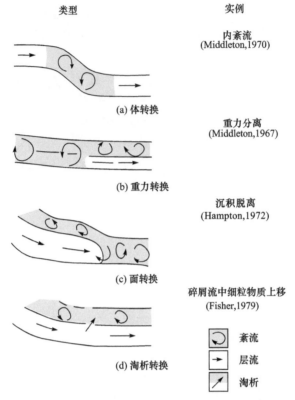

图 4-10   重力流流体转换的四种类型(Fisher，1983；Shanmugam，2000)

    Elverhoi 等(2010)通过水槽实验证实了中-低黏土含量碎屑流在水下运动中体部存在流体化过程，使其具备了长距离运动的能力。这种流体顶部为紊流部分，体部由于剪切混合作用呈流体化，尾部仍为层流部分(图 4-11)。在流体化作用的影响下，其体部的泥质沉积物不断经历淘析转换向高密度浊流转变，从而沉积形成块状砂岩。随着流体的

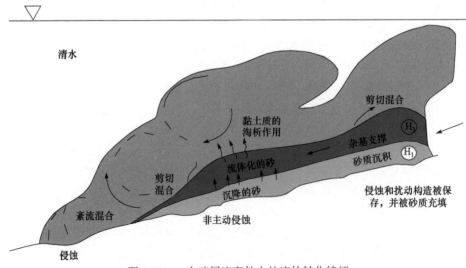

图 4-11   一次碎屑流事件中的流体转化特征

减速，尾部黏性碎屑流杂基支撑的部分在纯净砂岩之上形成黏性碎屑流沉积。此外，某些弱黏性碎屑流突然减速，甚至流体已经停止运动依旧可能率先沉积形成薄层纯净砂岩，即晚期沉降现象。这种弱黏性碎屑流中的颗粒受到了紊流、黏土基质、浮力等多种支撑机制综合作用。当碎屑流突然减速，紊流支撑能力随即迅速衰减。碎屑流中黏土基质产生的屈服强度及浮力作用依然提供部分向上支撑力，使砂质颗粒不能迅速沉降下来，颗粒沉积存在一定的滞后性，从而产生了晚期沉降现象。这种晚期沉降现象使碎屑流中不同粒度的颗粒产生沉积分层的现象，也是混合层的重要成因之一。

二、流体转换机制

水槽试验中发现，流体运载力取决于流体不同的成分性质(浓度、粒径、黏度性质等)，流体性质转换的结果必然导致流体类型的转换。当高密度流体转化为浊流时，一些稀释作用也随之发生。这些稀释作用是如何产生和发展从而导致实验过程中出现多种类型的流体也是研究的重要问题，因为它们是流体性质转换的关键。通过实验观察结合理论分析，流体转换机制(或流体稀释机制)主要有以下六种。

(一) 稀释作用

该机制认为稀释作用是高密度流体向低密度流体性质转化的重要原因。例如，碎屑流中水的体积含量对其性质具有重要的意义，水含量增加可以降低黏性强度，使其由黏性变成摩擦性的，导致流体内部颗粒由基质支撑变为紊动支撑或分散压力支撑。随着被液化的程度不断加深，被液化的物质在重力作用下速度不断增加，造成颗粒之间的碰撞和剪切，随之造成流体的紊乱。也就是说，碎屑流在运动过程中得到充分稀释后，流体性质发生根本变化，由碎屑流转化为浊流。Stix(2001)在实验中使用较轻颗粒和较重颗粒的混合物观察到了与上面相同的稀释机制，即重颗粒先沉积轻颗粒后沉积从而造成了流体的稀释。然而，颗粒物的沉积可能只会形成一个低密度的流层而不是流体整体密度的降低。液化流可能在碎屑流中重新形成而不是仅仅导致流体的稀释作用。因此，对富泥质流体来说，原始沉积物质的部分或全部液化可能并不是流体性质转化的有效机制。

(二) 破碎作用

该机制表示不稳定堆积物在一定的触发机制下，以块状碎屑物质的状态开始滑动并逐渐破碎成更细小的碎块，周围水体在该过程中起到了非常重要的作用，因此该机制也是流体稀释的另一种形式，这种现象与 Kuenen(1952)提出的转换过程非常相似。滑塌物转化为碎屑流后又转变为浊流的转化过程随着块状物质的逐渐裂解形成了大量的悬浮式沉积碎屑。这就与认为只有部分流体稀释而不是全部流体在同一时间遭受稀释的液化机制有所不同。目前还不清楚块体的破碎是如何有效发生的，但可以推测其主要依赖于流体的成分性质(如浓度、黏性等)。

(三) 层面顶部剪切力作用

层面顶部剪切力作用是 Dangeard 等于 1965 年提出的一种转化机制。他们发现在速度足够大并且底流的黏度不是太高的情况下，会在高密度底流的上部形成密度相对较低的稀释似云层。这层顶部的稀释似云层作为独立的浊流系统继续保持运动，甚至在其下的高密度底流停止运动之后。Hampton(1972)在高密度初始流体实验中观察到形成这层低浓度的似云层的物质主要来自流体前鼻部分的侵蚀，并没有太多来自流体上部的物质被侵蚀，由此形成的浊流密度是很低的，因此这种机制并不是很奏效。Parker 等(1998a，1998b)指出，如果碎屑流产生滑水效果那么这种机制的效果会更好，因为这样会拥有更高的速度和剪切力使流体顶部形成更多的侵蚀。滑水效果甚至能够造成流体顶部的加速，致使顶部与流体分离并独立运动。这种现象会多次发生，形成多个分离的顶部，造成来自高密度底流部分的更多侵蚀和基于侵蚀的更有效的转换机制。这种流体的断裂得到了与 Kuenen(1951)和 Marr 等(2001)所述相同的结果。Lee 等(2002)使用诸多实验数据和方程定量地计算出在流体规模较大而且有足够速度的情况下，流体顶部和上部表面产生的混合剪切力是一种有效的(稀释)机制。这种机制不但适用于中等密度的流体，而且适用于高密度流体。Harbitz 等(2003)提到了此机制的有效性部分地依赖于母体碎屑流的黏稠度，他们统计了那些来自碎屑流顶部的沉积物的数量，这些碎屑流主要来自实验室。尽管他们测量出仅有小于 1%的碎屑流物质进入浊流中，但这一数字会随着碎屑流黏度的降低而显著升高，使这一机制的效果更加明显。

(四) 混合作用

该机制由 Morgenstern(1967)提出，他论证得出只要速度足够快，高密度块体就能从层流变为紊流，但是由于流体表面的不稳定性和波的作用产生了与上层水的混合作用，从而稀释了流体。界面混合作用由 Stix(2001)从实验中观察到，由于(颗粒)沉积形成了高密度底流和其上稀释似云层，波产生于两种不同性质流体交接的表面和整个流体的上部两个位置，造成了两个相的混合。对高密度流来说这种混合作用发生的条件是要么流体位于斜坡上，要么其内部的高密度块体的孔隙压力大到足够支撑沉积物保持下滑的运动状态。与流体顶部的侵蚀理论类似，因为流体表面有限的有效作用面积，流体表面的不稳定性和波的作用产生的与上覆水体的混合作用可能也不是一种有效的机制。

(五) 水力跃迁作用

该机制由 Komar(1969)提出，他认为如果滑塌或滑动流体经历过水力跃迁，那么它们会被稀释。他的计算来自体积浓度小于12%的试验流体,随后这项研究由Komar(1971a)扩展到体积浓度达到30%的流体。水力跃迁导致的稀释作用将使流体从这样一个浓度变成高密度浊流，并且 Komar 假设这一稀释机制可行，那么在水力跃迁之前流体必须已经发生过大量的稀释作用。Ravenne 和 Beghin(1983)以高密度泥质或砂质滑动流为试验流体进行了一次水力跃迁试验，碎屑流的重量导致的对底床的侵蚀在流体上部形成了稀释似云层。水力跃迁发生在斜坡的断裂处，高密度底流发生停留而较低浓度的上部似云层继续流动，底流不会发生太多的稀释作用。Weirich(1989)发现并描述了一个受水力跃迁作用的自然流体实例。近地表的初始碎屑流浓度为65%，这一浓度与 Komar(1971b)曾经使用的值近似。碎屑流流入水库，在河道转弯处发生水力跃迁。碎屑流的沉积特征在水力跃迁处发生改变成为爬升波痕，表明悬浮物质沉淀率较高，同时指示了由 Komar(1971b) 提出和由 Waltham(2004)计算的那种稀释作用。因此高密度流在斜坡中断处发生水力跃迁抛下大量的碎屑物质，仅形成密度较低的浊流。水力跃迁不是一种保持沉积物在流体内同时又会使高密度流体转化为浊流的有效机制。

(六) 流体顶部的混合作用

Allen(1970)论证得到流体顶部的混合作用几乎不会影响到流体的底部，所以沿着表面的混合作用并不是一种有效的高密度流体转换机制。Allen(1970)提出一种在流体顶部的混合作用，作为一种可供选择的机制可能比沿着表面的混合作用更有效。速度最大时流体最前端的水在前鼻部的停滞点上分成上下两部分，驻点之上的水流在运动沉积块体之下的水流周围运动，这时流体要么形成一个再循环单元并被推进到流体的前部，要么重新被流体接纳并造成稀释作用。Allen(1970)计算显示从滑塌到浊流的转化会在几十千米到上百千米的距离内发生。目前还不清楚在流体顶部的混合作用机制中水是如何进入黏土质和砂质高密度流体的，但从较长的转化路程来看，它应该不是一种很有效的转化机制。

第四节　重力流碎屑物沉降机制与层序成因解释

众所周知，鲍马序列是浊流沉积层序中最典型的，Lowe 的高密度浊流层序也被广泛应用。但以 Shanmugam(1996a，1996b，2000)、Mulder 和 Alexander(2001)等为代表的科学家对经典浊流理论提出了质疑，认为并不存在完整的鲍马序列，而传统的高密度浊流层序并非真正的浊流成因。由于 Shanmugam(1996a，1996b，2000)、Shanmugam 和 Moiola(1997)的砂质碎屑流理论被国内许多学者引入鄂尔多斯盆地三叠系(邹才能等，2009b；付锁堂等，2010)和渤海湾盆地(鲜本忠等，2012)深水块状砂岩的研究中，因此这一理论逐渐被中国沉积学界接受。事实上，自然界本身的复杂性决定了人们对沉积相的认识往往不是非黑即白那么简单，对砂质碎屑流观点完全嗤之以鼻或偏执地用这一观点完全否定鲍马序列所有层段的成因，都是不可取的。

事实上，重力流从形成到发展，再到消亡的过程中本身就存在多个流体阶段。李存磊等(2012)基于流体水槽实验从沉积物重力流流体转化角度提出了浊流与碎屑流实质上存在着连续变化的过程，重力流岩相在垂向上的变化实际上反映了流体转化的过程。

下面从流体性质转换如何影响颗粒的支持机制及沉降规律出发，解释重力流常见层理的成因。

一、颗粒沉降的影响因素

重力作用是重力流运动的主要动力，当床底坡度变小时，动力作用减弱，流速降低，碎屑物质开始大量沉降。但是在床底坡度不变的情况下，重力流在运动过程中经历复杂的流体转换后，依然会造成颗粒的沉降。

(一) 流速降低

沉积物重力流是密度流，主要以悬移载荷方式搬运。重力流搬运的驱动力主要是重力，因此沉积物重力流的搬运是沿斜坡向下的，当坡度逐渐变缓或流动水道向两侧逐渐变宽时，流速会随之逐渐降低，重力流所载颗粒在流体中随着重力流平均流速的减小分布越来越不均匀，当流速减小到某一值后，底部出现固定的或滑动的床面。碎屑颗粒开始形成床面时的流速在流体力学中称为淤积流速。

(二) 黏度降低

试验表明，流体的黏度越小，其阻力系数越小，碎屑物质沉降速度明显加快。但是流体黏度降低到一定程度后，粗颗粒的沉降引起周围浆体紊动，其他颗粒则在沉降过程中就要受到涡流的影响，使作用在固相上的外力不能经常保持平衡，再加上涡体的旋转作用，造成颗粒在下降过程中旋转，不能以最稳定的方位下沉。浆体的脉动性，使固体在沉降中有时受到加速运动，有时又受到减速运动，浆体中存在紊动，将使颗粒顶部的分离点位置以及颗粒表面的压力分布发生变化，从而使颗粒所承受的阻力减小或者增大，造成颗粒运动方向都不断因时因地而改变。因此，流体浆体黏度不仅影响固相的沉速，而且影响其沉降路线，造成沉积物颗粒的分选和层理的多样性。

(三) 浓度降低

关于液体中固相间的相互影响，有些学者认为，由于固体颗粒周围吸附了一层液体，固体运动时吸附的液体随着一起运动，当固相浓度增大时，固体之间的距离减小，相当于减小了其边界，从而相当于增大了液体的黏度而影响颗粒运动。有些学者试图通过确定固相颗粒之间的距离来揭示固相浓度对运动规律的影响。钱宁和万兆惠通过实验研究认为，颗粒在沉降中带动了周围的液体，液体伴随向下运动，如果液体延伸到很远，则任何一个颗粒都会因为其他颗粒的运动而增加其下沉速度。另外，如果液体受到边界的约束，则根据水流连续定律，一部分水的下降必然会同时引起相同体积水流的上升。这时颗粒附近水流的运动方向朝下，而远离颗粒的地方水流运动方向朝上。即根据不同颗粒间的相互位置，它们的沉降速度可能因其他颗粒的运动而加快，也可能受其他颗粒运动的影响而变慢。在常见条件下，时常可以遇到两种情况：①如果一团聚集成群的颗粒在水体中下沉，周围相当远处的范围内都是清水，则它们的下沉速度比单个颗粒在无穷大水体中的下沉速度大；②颗粒均匀地分布在水体中同时下沉，则颗粒间的相互阻尼使每一个颗粒的下沉速度都降低，含颗粒浓度越高，则颗粒下沉速度越小。此外，大量颗粒的存在使液体比重加大，从而使颗粒所受浮力增加，也会使沉降速度减小(朱国新等，1988)。

二、典型层理成因分析

重力流经历复杂的运动过程后，沉积时的流体性质比运动过程中的流体性质已经发生了巨大的变化，而流体在搬运过程中发生转变的证据也不能保存在最后的沉积物中。实际上，沉积过程和搬运过程常常并不是同一流体所为。岩石记录中所保存的沉积特征只能用于推断沉积物在沉积之前最后很短时间内的流动机理。

(一) 块状层理砂砾岩相成因

块状层理砂砾岩相多为碎屑流成因，碎屑流是黏性密度流的一种类型。沉积物主要由基质支撑，由分选差的沉积物组成，砂和砾石所占比例很大，大多数情况下砾石含量超过 5%。碎屑流沉积的过程为整体冻结，因此沉积物排列混乱，粒度分布杂乱(图 4-12)。只有当外加剪切应力超过屈服强度时碎屑流才会发生运动，而当外加剪切应力等于或小于屈服强度时碎屑流就会停止运动。单个碎屑流的沉积通常厚 1~2m，但是其合并体可能厚几十米至几百米。

图 4-12　块状层理砂砾岩相特征

(a) 利 933 井，$6\frac{10}{22}$；(b) 坨 124 井，$9\frac{26}{27}$

(二) 块状层理砂岩相成因

拗陷湖盆中的块状砂岩是最常见的岩相类型(图 4-13)。尽管大家普遍认为深水块状砂岩无结构特征(Stow and Johansson，2000)，但其成因仍有争议。自 20 世纪 60 年代起，学者提出过深水块状砂岩的 14 种可能解释：①低密度浊流(Bouma et al.，1962)；②上部流域的逆行沙丘(Harms and Fahnestock，1965)；③底负载(Sanders，1965)；④颗粒流(Stauffer M R，1967a)；⑤类塑性快速层(Middleton，1967)；⑥密度修正颗粒流(Lowe，1982)；⑦高密度浊流(Lowe，1982)；⑧高速沉积物供给下的顶部平层条件(Arnott and Hand，1989)；⑨砂质碎屑流(Shanmugam，1996a)；⑩滑塌(Benson et al.，1999)；⑪类稳定浓缩密度流(Mulder and Alexander，2001)；⑫等深流(Rodriguez and Anderson，2010)；⑬海底峡谷中的浓水梯级水跃(Gaudin et al.，2006)；⑭砂质侵入体(Duranti and Hurst，2004)。

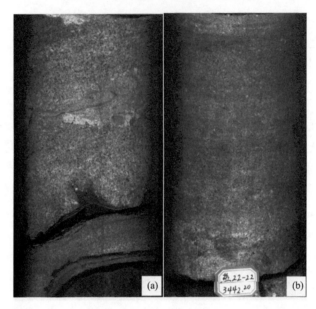

图 4-13　块状层理砂岩相特征

(a) 盐 22-22 井，3397.9m; (b) 盐 22-22 井，3442.2m

(三) 正递变层理砂砾岩相成因

如图 4-14 所示砂砾岩剖面，为明显的粗碎屑正递变层理，底部砾石直径可达 7cm，中上部常见砾石直径为 0.5～4cm，正递变层理特征非常明显。在解释粗碎屑砂砾岩体沉积物时，Lowe(1982)引入了高密度浊流的概念，他认为很粗的砾石在紊流状态下呈悬浮状态搬运，上覆在反递变的牵引毯层之上，形成正递变悬浮沉积单元。从流态的角度分析，只有紊流才能够让沉积物按照比重依次沉降，因此他将这种在紊流下部以悬浮方式

图 4-14　正递变层理砂砾岩相特征

(a) 永 551 井，$9\frac{4}{16}$; (b) 永 552 井，$10\frac{12}{13}$; (c) 永 552 井，$11\frac{8}{11}$

搬运形成的粗碎屑正递变悬浮沉积单元定义为砾质高密度浊流的 R_3 段，认为粗碎屑正递变砂砾岩体是浊流沉积的产物。

多数学者认为紊动只发生在牛顿流体中，事实上，有屈服应力的黏性泥浆也存在紊流特征。王兆印等(1992)通过试验发现，由于泥浆的黏滞性远大于清水，因此在较高的流速条件下仍可保持层流。但是，如果采用式(4-1)的雷诺数 Re，开始出现紊动流速的临界雷诺数约为2000，这与牛顿体明渠流相似。

$$Re = \frac{\rho u (4H)}{\mu \left(1 + \frac{1}{2} \frac{\tau_B \cdot H}{\mu U}\right)} \tag{4-1}$$

式中，μ 为黏滞系数；u 为流体动力黏性系数；τ_B 为宾汉极限剪切力；ρ 为流体密度；U 为流体速度；H 为泥深。当 $Re<2000$ 时，流动上层为流核，下部才有流速梯度。当 Re 略大于2000时，上部仍为流核，中部虽不是流核，但由于流速梯度小，还保持层流状态。仅在下部流速梯度较大又不紧靠床面的地方先转化为湍流。直到流速充分大，Re 达到8000～10000时，湍流才发展到整个流区(图4-15)。

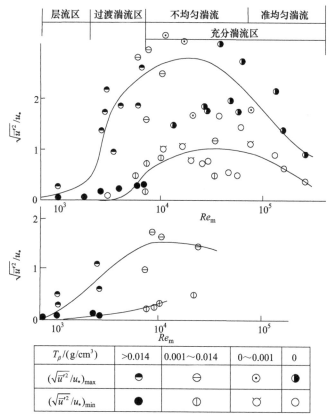

图4-15 泥浆湍流的分区

Re_m 超过8000后，泥浆流进入充分湍流区。这时断面上湍流强度的分布仍然很不均匀，最大与最小脉动强度之比可达 3 以上。这是因为泥浆具有屈服应力和很高的黏性，减弱了下部流速脉动向中上层的扩散。脉动能量仍集中在下部，中上层仅有较弱的紊动。当 $Re_m > 8 \times 10^4$ 后，垂线上紊动强度分布变得比较均匀，最大与最小脉冲强度之比小于 2。因此充分湍流区又可分成两段，我们把 $Re_m < 8 \times 10^4$ 的范围叫作不均匀湍流区，而把 $Re_m > 8 \times 10^4$ 的范围称为准均匀湍流区(王兆印等，1992)。

(四)正递变层理砂岩相成因

正递变层理主要为浊流成因，浊流的沉积作用受地形和坡度变化的影响而发生流体局部阻塞、黏滞强度引发的阻尼效应逐渐增强时造成颗粒由大到小依次沉降，从而形成正递变层理(图 4-16)。

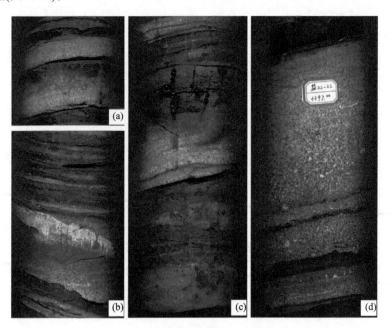

图 4-16　正递变层理砂岩相特征
(a) 盐 22-22 井，3349.3m；(b) 盐 22-22 井，3350.2m；(c) 盐 22-22 井，3348.7m；(d) 盐 22-22 井，3397.2m

(五)反递变层理砂岩相成因

Lowe 提出，在高密度浊流中当流体不稳定性增加，悬浮负荷逐渐向底部富集时，粗颗粒向底部集中，有颗粒碰撞产生的分散压力支持，导致形成颗粒层流，出现从粗砂到砂砾的反递变层理，也称为牵引毯层。

反递变层理的分散压力说主要认为，重力流高速运动中底部在水滑作用下被充分稀释，颗粒直接发生相互碰撞，从而产生使体积膨胀的消散压力，颗粒粒径越大受到的分散压力越大，从而导致大颗粒向表层移动，小颗粒沉积在底部(图 4-17)。

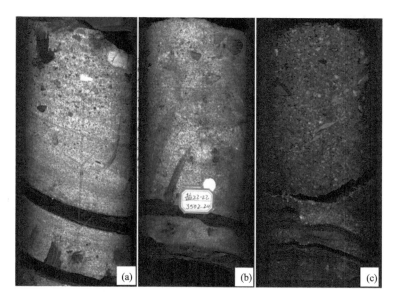

图 4-17 反递变层理砂岩相特征

(a) 盐 22-22 井，3508.9m；(b) 盐 22-22 井，3502.2m；(c) 盐 22-22 井，3389.4m

第五节 基于流体性质转换思想的沉积相层序成因解释

一次重力流事件中流体性质变化非常复杂，从而出现多种类型的重力流，而且各种类型的重力流之间又存在着复杂的转化，其沉积后的沉积物层序多种多样。以下介绍几种常见的重力流沉积层序，并从流体性质转换的角度对其成因进行解释，其中的核心要素是沉积层序代表流体经历了复杂变化后颗粒沉降时刻的流体类型。当然，自然界中重力流层序是极为复杂的，不仅存在下面列出的这些经典类型，还包括一些过渡状态的流体形成的层序。

一、碎屑流沉积相层序

碎屑流也称水下泥石流沉积，是非牛顿流体的高浓度的沉积物分散体，具有屈服强度和高黏性，其流动方式为层流，大多数碎屑流是由含水的泥基质挟带碎屑颗粒流动的流体。基质的相对密度高，可达 2.5，基质屈服强度和产生的浮力构成对碎屑支撑的机理。碎屑流可以发生在小于 1°或 2°的缓坡上，流速可变，一般大于土壤蠕动，在水下速度更快。当重力产生的顺坡拉力不再超过碎屑流块体的剪切强度时，碎屑流就被"冻结"而突然停止，形成碎屑流沉积物。

在古代地层中碎屑流沉积物经常可见，一般发育在具有古斜坡的部位(大陆坡、三角洲前缘斜坡、海底峡谷等)，它们多呈泥和碎屑混杂堆积的碎屑席状层夹在深水沉积层之间。碎屑流沉积物常与"滑来层"(olisthostrome)和"混杂岩"(melange)等概念相混。滑来层是由岩崩、滑动及伴随的泥石流堆积形成的，滑来层曾泛指一系列再沉积的碎屑岩，但后来通常限定用于被泥石流及有关块体重力作用搬运的，由层外物质或含有比周围沉积层序更老的外来碎屑组成的混杂堆积。也就是说，其中的碎屑全部或部分为早期已成岩的岩屑，而不完全是同沉积期未固结或半固结的沉积物，滑来层也可达到巨大的规模。

　　碎屑流沉积物的成分从仅含少数碎屑的泥岩到含很少泥质的砾岩块体都有，单个碎屑流的沉积厚度为不到 1m 至数米，有时更厚，沉积物内部无组构，分选差、粒度范围从砂至巨大的漂砾都可能出现，基质支撑格架。虽然碎屑长轴在空间常可平行于流向定向排列，但组构通常都是混乱的，碎屑流沉积物的层序在底部常显示有反递变特点(Fisher，1971)。碎屑流流动时对底床侵蚀较小，但当流通不畅发生局部短时堵塞时，底床可产生滑痕(Middleton and Hampton，1973)。碎屑流沉积层序结构见图4-18。

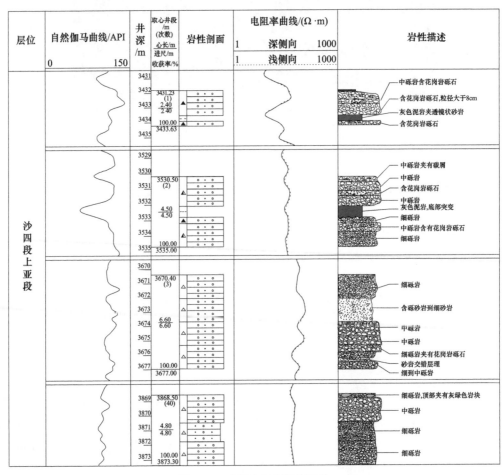

图 4-18　碎屑流沉积层序结构

二、颗粒流沉积相层序

　　沉积物直接由颗粒之间相互碰撞所产生的分散应力支撑，颗粒流沉积物的特征是厚层块状，具突变的顶底面，底面较平整或有滑动模等特殊的底痕和负荷构造。有时可见反递变的粒序层，这可能是由于动力筛分效应形成的。当颗粒流流动时，小颗粒将在大颗粒之间的孔隙中下沉，逐步表现出大颗粒上升到小颗粒上(Middleton，1970)，颗粒流沉积物一般缺乏典型的浊流构造和牵引流构造。据室内实验，无黏性颗粒形成的颗粒流需要很大的坡度(18°～37°)，海底很少有如此大的坡降地带。所以颗粒流沉积物在深海中的分布是非常局部的和不常见的，最常见的颗粒流沉积物是沙丘和水下沙波前积斜坡上崩落的流砂。由于这种流砂主要发育在浅水区，常因波浪的扰动而难以保存下来。海底峡谷和海底扇水道中可以出现颗粒流沉积物，Shepard 和 Dill(1966)通过海底摄影曾在海底峡谷端部发现小规模的砂崩(流砂层)，并将其解释为颗粒流沉积物。

颗粒流沉积物在结构构造的突出特征是具有含砾结构。Bagnold(1968)认为，分散应力对颗粒具有选择作用，由于颗粒流顶部剪应力小而使得大颗粒运动到流体的顶部，分选较好的砂级颗粒集中到颗粒流的底部，于是不仅具有含砾构造而且形成反向粒级递变；Middleton(1970)反对上述理论，他认为反向粒级递变是筛选机理的必然产物，正如摇动一盆爆米花，小颗粒向下沉积代替大颗粒的向上运动。从流体性质及颗粒受力情况分析，由于流体的不稳定性，悬浮负荷逐渐向底部聚集，底部粗碎屑主要由颗粒碰撞产生的分散压力支撑，形成颗粒流层并呈现粗砂到砂砾的反递变层。

三、液化流沉积相层序

液化流可以顺 2°～3°平缓的斜坡向下流动，在流动时，孔隙流体(水)因不断向上流出而减少，超孔隙液体压力也迅速消耗完(图 4-19)。当孔隙流体丧失后，液化流便开始沉积，从下而上"冻结"直到全部固化为止。此外，当坡度过缓时，它们也可以发生沉积。液化流由于黏度很高，不可能产生牵引流构造。其沉积特点是：粒序递变特征不明显，顶底面分明，底面可有负载铸型，内部具有各种泄水构造，如碟状构造、柱状构造、泥火山和沙火山等同沉积变形构造。液化流在深海中分布不广，一般仅局部发育。

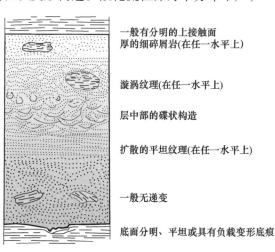

图 4-19　液化流的综合构造层序(据 Stauffer M R，1967b)

四、鲍马序列

鲍马提出，一次浊流事件形成的沉积层在平面上一般为向外呈扇状散开的朵状体。随着浊流的扩散，距离的增大，浊流强度不断减弱，由于粗粒物质不断沉积下来，流体中沉积物粒度逐渐变细。海水对流体的稀释作用随着时间和流动距离的增大而不断增强，浊流密度逐渐变稀，流层厚度逐渐减小。一次浊流事件形成一个特有的层序，这个层序最早是由鲍马发现和提出的，称作鲍马序列(Bouma et al.，1962)，鲍马序列是经典浊积岩最具特征的标志。

鲍马序列自下而上由五个层段组成(图 4-20)。

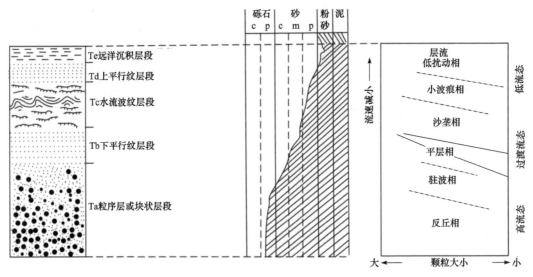

图 4-20　鲍马序列及其水动力解释(据 Hampton et al.，1987)

(1) Ta 段为递变段，是鲍马序列的底部单元，为粒序层或块状层段，一般为具粒序层的杂砂岩或块状杂砂岩。底部有一明显的侵蚀冲刷面，底面常发育底面槽模等底痕。代表浊流在高密度流动时悬浮的粗粒沉积物(主要是砂)快速沉积形成的沉积层，反映高流态的湍流特点。

(2) Tb 段为下平行纹层段，由具平行层理的砂岩组成，可以出现递变，与递变段呈渐变关系。与 Ta 段类似，Tb 段是流速减缓时高流态形成的平坦底床产物。

(3) Tc 段为水流波纹层段，由细砂及粉砂沉积物组成，小水流波痕层理发育，一般层系厚度小于 5cm，长小于 20cm。可以有爬升层理、卷曲层理等，与下部平行纹层段常为突变接触，从底面向顶面出现不明显的递变，大波痕层理很少发现。Tc 段是密度流因被海水稀释，流速进一步降低，从高流态过渡为低流态时形成的，小水流波痕发育是牵引流的特点。

(4) Td 段为上平行纹层段，主要为极细砂至粉砂质黏土，具有清楚的平行纹理，与波纹层段过渡清楚。

(5) Te 段为远洋沉积层段。一般由块状泥岩组成，有时含有孔虫化石及遗迹化石，是由悬浮作用的缓慢沉积形成。

有时在远洋沉积层段之上还发育一个代表深海泥岩分层的 Tf 段，其中含有典型的远洋浮游生物化石，代表浊流事件平息后正常远洋深海沉积。但 Tf 段常缺失或与 Te 段不易区分，所以一般笼统地称为 Te 段。

　　鲍马也曾指出，上述五段发育齐全的层序不是在浊流沉积层中到处都可见到的。实际上所看到的层序大部分都是不完整的，经常缺乏最顶部或最底部的层序，或者顶底层序都缺失(图4-21)。

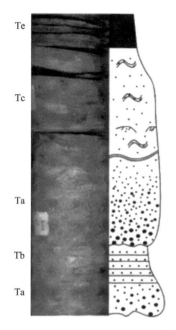
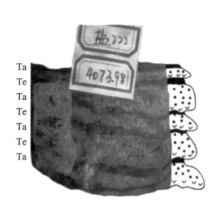

图 4-21　鲍马序列岩心识别(盐 222 井)

　　从以上表述不难看出，鲍马序列各层的成因具有明显的多解性，并且显示明显的重力流-牵引流沉积组合特征。事实上，从流体性质转换的角度很容易解释这种现象：浊流外层被湖盆静态水体过度稀释，颗粒受力形式发生变化，由紊动力支持转换为受水流拖曳，从而显示出典型的牵引流层序(图4-22)。

图 4-22　典型细粒浊流沉积剖面

五、高密度浊流层序

Lowe(1982)曾按浊流沉积物的粒度将浊流划分为低密度浊流、砂质高密度浊流和砾质高密度浊流三种类型,明确地引进许多牵引流作用的名称和其所形成的牵引层理构造,并提出各自的沉积层序,这对中国的以粗碎屑沉积占优势的湖泊浊积砂体是非常适用的。

(一) 低密度浊流

低密度浊流的沉积层序以鲍马序列的 Tb 段至 Te 段为代表,并提出鲍马序列最下部的 Ta 段是砂质高密度浊流的悬浮负荷的直接沉积,不属于低密度浊流的沉积层序。

(二) 砂质高密度浊流

砂质高密度浊流是含粗粒至细砾级的沉积物,也含泥、粉砂和中细砂。支撑机制是湍流和阻碍沉降的力。砂质高密度浊流可分为牵引沉积作用阶段、牵引毯阶段和悬浮沉积作用阶段。

1. 牵引沉积作用阶段

一个稍微不稳定但是充分湍流的砂质高密度流会把一些负荷沉积下来形成砂质底床,密度流与床砂之间的相互作用能够产生床砂形态,它们常由很粗的砂岩至细砾岩组成,显牵引构造,主要是平行层理、斜层理和交错层理。在这一阶段,浊流可能局部地被侵蚀,沉积物因而显示透镜状、叠合状和冲刷特征。牵引沉积作用阶段以 S_1 表示,平行层理构造代表了平坦床砂,而交错层则是由砂丘床砂形态迁移而形成的。

2. 牵引毯阶段

当流体不稳定性增加,悬浮负荷逐渐向底部富集时,粗颗粒向底部集中,由颗粒碰撞产生的分散应力支持,导致形成颗粒流层,出现从粗砂到砂砾的反递变层,叫牵引毯层,用 S_2 表示。某些近源浊积岩底部出现从粗砂到砂砾的反递变层的重复,说明当牵引毯层从上覆的浊流脱出的连续沉积抽吸时,将会崩溃和凝固,新的毯状层在逐渐上升的床面上相继重复形成。

3. 悬浮沉积作用阶段

在悬浮负荷沉降速率更高的条件下,可能来不及发育一个底负荷层或形成一个组织得好的牵引毯层,结果沉积作用表现为悬浮负荷的直接沉积,形成了一个缺乏牵引构造的沉积层,用 S_3 表示。该段呈块状或显示正递变和泄水构造,最常见的泄水构造为碟状构造和泄水管道。

(三) 砾质高密度浊流

砾质高密度浊流中含有更粗的碎屑,从细砾至巨砾,同时也含有泥、粉砂和砂。在这些砾质碎屑中,床内形体是很难发育和保存的,绝大多数粗砾石可能是靠近床底在高浓度牵引毯层内搬运和在湍流下部呈悬浮状态搬运。因此沉积物通常包括一个底反递变牵引毯层和上覆的正递变悬浮沉积单元,分别以 R_2 和 R_3 表示[图 4-23(a)]。

这个层序与 Walker 和 Massingill(1970)的反递变到正递变砾岩相符合,如果只发育

R$_3$ 段，则相当于 Walker 和 Massingill(1970)的递变砾岩相。砾质高密度浊流沉积后，剩下的砾质高密度浊流可对下伏 R$_3$ 段进行改造而发育砂质高密度浊流 S$_1$ 段，可与 Walker 和 Massingill(1970)的递变层理中有层理的砾岩相对比。

顺斜坡方向，浊流沉积显示一定的规律变化，粒度变细，由砾质高密度浊流变为砂质高密度浊流，最后变为低密度浊流[图 4-23(b)]。

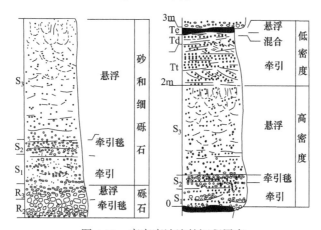

图 4-23　高密度浊流的沉积层序

(a) 砂质高密度浊流；(b) 砾质高密度浊流(据 Lowe，1982)

自 Lowe 提出高密度浊流层序后，直到 Shanmugam 提出质疑前，似乎世界范围内的粗粒度重力流沉积都在套用该套层序，该套层序主要存在以下两个问题。

(1) 该层序是由多种类型流体沉积物组合而成的，而非高密度浊流单一流体类型成因。

(2) 将低密度浊流层序直接叠覆于高密度浊流层序之上作为一套新的层序是不对的，因为从流体转换的角度讲，R$_3$ 段之上不可能出现牵引沉积 S$_1$ 段。因此两者叠合只能是两次沉积的叠覆，而非单次沉积。

图 4-24 是基于流体性质转换机理对高密度浊流层序的重新解释。

六、砂质碎屑流层序

由于 Shanmugam 的砂质碎屑流能较好地解释深水沉积中常见的无递变层理的块状砂岩问题，该概念在国内已被广泛接受并采用。对于砂质碎屑流，Shanmugam 提出其识别标志包括砂岩层近顶部漂浮泥质碎屑富集(流体强度、刚性栓)、逆递变层理(流体强度和上浮力)、细砂岩中漂浮石英细砾(塑性介质流动)、面状碎屑组构(层流)易碎的页岩碎屑保存(层流)、与上覆层不规则接触和侧向尖灭的几何形态(原始地形的冻结)、碎屑基质(高浓度流、塑性介质)等。

国内学者提出，砂质碎屑流底部与下伏岩层以底冲刷面接触，或呈岩性突变面接触。厚度为 0.10～1.00m，顶部经常发育漂浮的棱角状泥屑甚至撕裂的棱角状泥屑或者含有坠石，或表现为逆递变，体现了整体冻结沉积的结果。砂质碎屑流往往与浊流共生，形成一套完整的重力流层序。浊流砂岩相对砂质碎屑流砂岩厚度要小得多，其分选和磨圆较好，有时为夹杂于深灰色远洋泥中的粉-细砂岩(图 4-25)。

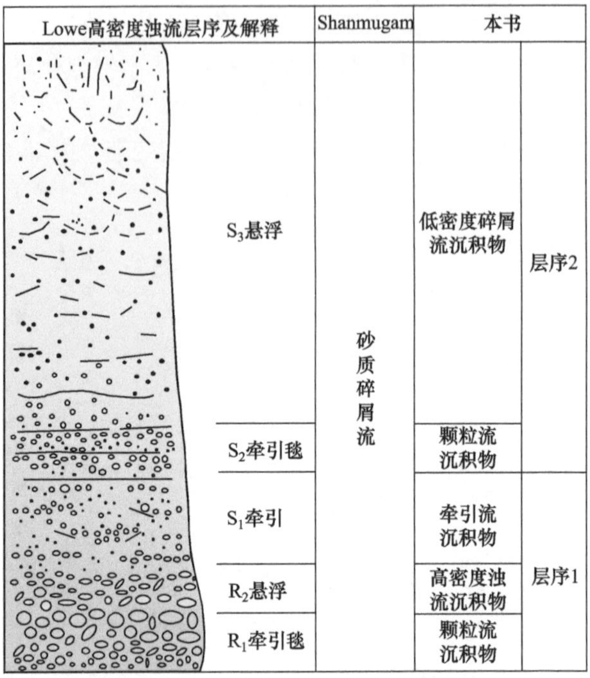

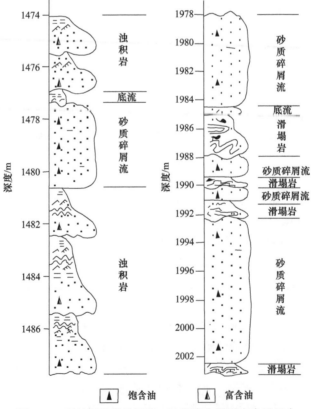

图 4-24　高密度浊流层序的解释

图 4-25　延长组砂质碎屑流、浊积岩和滑塌岩常见组合

邹才能等(2009b)提出，砂质碎屑流与浊流的区别表现在流态、流变特征、流体浓度、层理构造、分布位置、平面展布、剖面形态 7 个方面(表 4-2)。挪威奥斯陆大学水槽实验研究表明，一期重力流中，密度大的砂质碎屑流分布在流体的底部，密度小的浊流分布在顶部和前端，因此在沉积盆地中，浊流可以延伸至盆地平原，砂质碎屑流往往在盆地斜坡部位沉积下来。

表 4-2　浊流与砂质碎屑流的差异性比较

分类	流态	流变特征	流体浓度	层理构造	分布位置	平面展布	剖面形态
浊流	紊流	牛顿流体	<28%	递变层理	流体的顶部或前端	有水道扇体	孤立透镜状或薄层席状
砂质碎屑流	层流	宾汉塑性流体	>50%	块状层理，顶部有漂浮泥砾	流体的底部	不规则舌状体	连续块状

从 Shanmugam 对砂质碎屑流的描述来看，Shanmugam 试图用砂质碎屑流的概念来定义多种岩相混合的沉积物层序成因，这与鲍马序列、高密度浊流层序一样是欠合理的，因为这将造成多套沉积层序组合来源于同一种流体类型，这是忽略了沉积物形成前存在流体性质转换的结果。事实上，砂质碎屑流沉积过程中存在从黏性至非黏性连续过程系列，不仅可以形成典型的碎屑流成因的块状层理，其顶部也会存在因稀释作用而形成的浊流沉积物及过度稀释作用而形成的牵引流沉积物(图 4-26)。

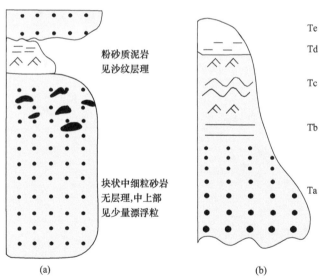

图 4-26　砂质碎屑流沉积与经典浊流沉积的沉积序列
(a) 砂质碎屑流沉积序列；(b) 经典浊流沉积序列

七、异重流层序

有的学者在鄂尔多斯盆地南部延长组长七段—长六段油层组深湖相沉积中发现一种与砂质碎屑流沉积和滑塌浊积岩不同的重力流成因砂岩。其沉积特征为一系列向上变粗的单元(逆递变层)和向上变细的单元(正递变层)成对出现；每一个递变层组合内部的泥质含量变化(高—低—高)与粒度变化一致；上部正递变层与下部逆递变层之间可见层内微侵蚀界面；砂岩与灰黑色纯泥岩、深灰色粉砂质泥岩互层；粉砂质泥岩层内也表现出类似的粒度变化特征，结合薄片鉴定，认为该岩石组合形成于晚三叠世深湖背景下的异重流沉积。其沉积产物以发育逆递变和层内微侵蚀面而区别于其他浊积岩，逆递变代表洪水增强期的产物，上部的正递变层为洪水衰退期的沉积，逆递变-正递变的成对出现代表一次洪水异重流事件沉积旋回；层内微侵蚀面是洪峰期流速足以对同期先沉淀的逆递变沉积层侵蚀造成的(图 4-27)。

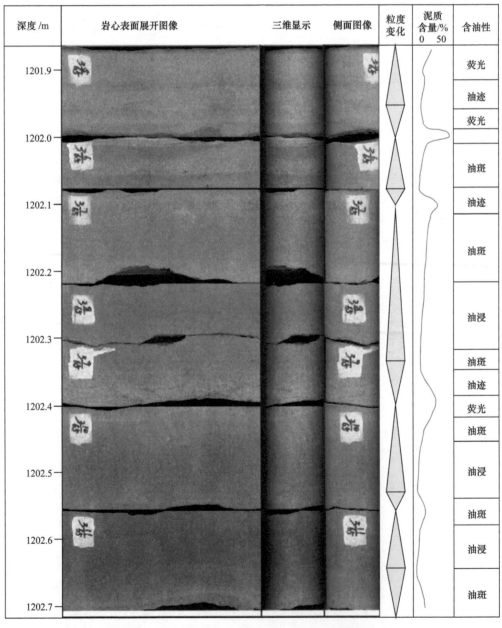

图 4-27　JH3 井异重岩粒度变化特征(据杨仁超等，2015)

第六节 重力流沉积相层序空间分布模式

具有供源体系的深水粗碎屑沉积过程是流体转换的过程。塑性流体在运动过程中被稀释，颗粒支撑机制发生复杂的变化，出现多种流态的流体。塑性流体被稀释到一定程度后会转换为液态流体，由于紊流的存在，沉积物按照比重依次沉降，便形成了正递变层理的浊积岩。重力流流体性质转换最重要的是碎屑流在运动过程中被稀释，这一稀释过程往往由地形条件和水体深度决定。地形越陡，水体越深，形成浊流的概率越大。图 4-28 显示了重力流形成、发展和消亡过程中各个阶段的流体特征及转换过程，这一转换过程可划分为 4 个阶段。

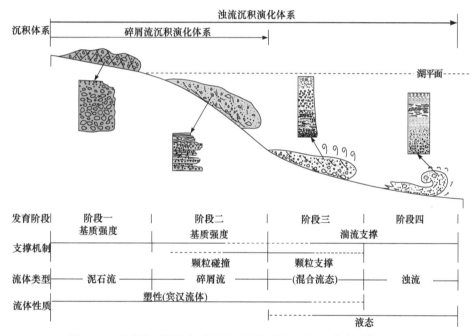

图 4-28　重力流不同发育阶段主要流体特征示意图(李存磊等，2011)

阶段一：从供源体系特征看，山洪暴发成因的山间洪水与大量的风化剥蚀和垮塌的陆源碎屑物质混合形成有泥石流特征的供源体系。从供源体系的流体性质看，以泥石流为主，牵引流为辅。

阶段二：大量碎屑物质由洪水挟带沿断沟直接进入湖盆，湖盆边缘的坡度较陡和洪水流动的惯性作用，使水流具有很强的水动力，能冲刷侵蚀湖底形成水下河道。沉积物多为杂基支架砾岩，一般认为是碎屑流沉积，这是一种非牛顿流体的高浓度的沉积物分散体，其流动方式为层流，基质屈服强度和产生的浮力构成对碎屑支撑的机制。

阶段三：进入半深水-深水环境后，牵引流作用减弱甚至消失。碎屑流在重力作用下继续运移并开始分散。该阶段重力流流体性质极为复杂，多种流态共存，而且各种流态之间存在相互转化，最为重要的是碎屑流与浊流的转换。随着碎屑流与水混合，流体内部开始出现速度差，粗粒物质开始向顶部集中。水的体积含量对碎屑流的流体性质影响很大，水含量增加可以降低黏性强度，导致多种流态的出现。沉积物与水完全混合便发育成悬浮状高密度浊流。这个阶段的沉积物会出现极为复杂的岩相组合特征。Talling 等(2004)的研究表明，在多个地质时期的浊流系统中，都广泛存在由碎屑流和浊积岩共同组成的成因单元。

　　这个阶段的流体性质及其转换机制非常复杂，呈现黏性碎屑流、非黏性碎屑流、颗粒流、惯性层流、浊流等共同存在的特征。通过分析胜利油田盐家-永安地区 5 口井近2000m 成像测井资料，将该阶段的沉积序列总结为 7 个沉积单元，整个过程的沉积体呈现递变层理砂砾岩、块状层理砂砾岩和牵引流成因砂体共存的沉积特征。为减少争议，采用阿拉伯数字定义每个沉积单元而不再对各个沉积单元进行命名。下面将详细讲解每个沉积单元的主要流体类型及流体的转换机制，并简述前人与其相关的各种定义(图 4-29)。

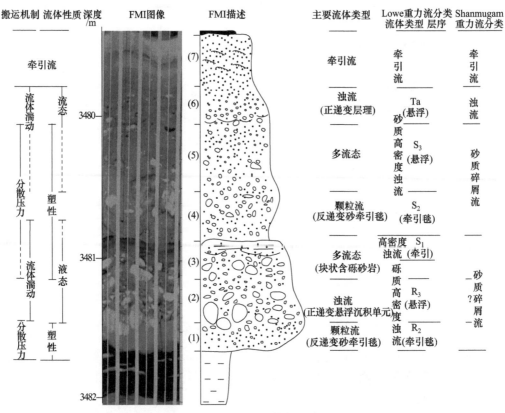

图 4-29　混合流态下重力流沉积序列(胜利油田，盐 22 井，3475～3482m)

　　沉积单元(1)：Lowe(1982)研究认为，在砾质粗碎屑中，床内形态体是很难发育和保留的，绝大多数很粗的砾石可能靠床底高浓度牵引毯层内搬运，沉积形成反递变层理的粗碎屑沉积体，这一阶段为砾质高密度浊流的砾质牵引毯阶段。Shanmugam(1996a,1996b)研究沉积物支撑机制认为，颗粒主要靠分散压力和其漂浮力支撑而不是紊流支撑，因此不应该属于浊流沉积物，应属于砂质碎屑流沉积。从大量岩心和 FMI(地层微电阻率扫描成像)凸分析所显示的层序组合看，该沉积单元一般位于紊流沉积单元的下部，沉积物主要靠分散压力支撑，以块状反递变层理为主，但也可见槽状交错层理，从流体性质看，符合 Middleton(1967，1973)定义的颗粒流特征。

沉积单元(2)：该阶段很粗的砾石在紊流状态下呈悬浮状态搬运，上覆在反递变的牵引毯层之上，形成正递变悬浮沉积单元。从流态的角度分析，只有紊流才能够让沉积物按照比重依次沉降，Lowe(1982)将这种在紊流下部以悬浮方式搬运形成的粗碎屑正递变悬浮沉积单元定义为砾质高密度浊流的 R_3 段，而 Shanmugam(1996a，1996b)将高密度浊流统称为砂质碎屑流，并指出在塑性流试验中同样可发现正递变层理。事实已经证明，如果没有紊流存在，不可能形成大规模的正递变沉积单元，流体性质应为浊流。

沉积单元(3)：浊流沉积在深水粗碎屑沉积物中所占的比例通常不是很大。从该段沉积特征看，以块状砂砾岩体沉积为主。从流变学特征看，主要属于塑性流体，但流体转换的复杂性导致多种流态的存在，紊流沉积特征被破坏，沉积物显示韵律不明显的块状层理构造，体现混合流体形成的砾质沉积特征。该沉积段的顶部由于流体浓度的减少，会对下伏砂砾岩进行改造，发育富含平行层理和交错层理砂体的牵引层段(Lowe 定义为 S_1 段)。可与 Worker 于 1977 年提出的递变层理-块状层理-有层理的砂砾岩相对比。

沉积单元(4)：由于流体的不稳定性，悬浮负荷逐渐向底部聚集，底部粗碎屑主要由颗粒碰撞产生的分散压力支撑，形成颗粒流层并呈现粗砂到砂砾的反递变层，流体性质与沉积单元(1)相似，以颗粒流为主。Lowe 将其定义为砂质高密度浊流的砂质牵引毯(S_2)阶段。Shanmugam 认为其应为砂质碎屑流底部沉积。

沉积单元(5)：从沉积特征看，以块状粗砂沉积为主。从流变学特征看，主要属于塑性流体，但流体转换的复杂性导致多种流态的存在，紊流沉积特征被破坏，沉积物显示韵律不明显的块状层理构造。

沉积单元(6)：递变段，鲍马序列的 Ta 段，具递变层杂砂岩，从 FMI 看，底部发育较为明显的底面槽模印痕，流体类型为浊流沉积。

沉积单元(7)：显示牵引流沉积特征。牵引流沉积与牵引沉积不同，岩心观察中浊流层序顶部会出现牵引流成因的沙纹-波状层理等。重力流引发深水牵引流的机制非常复杂。真正的浊流，沉积物被紊流支撑，流速减慢，沉积产物卸载并呈正递变层理。如果沉积物继续以床底负载搬运，就会发育新的波状纹层。这种流态下的牵引沉积构造是上覆流体驱动沉积物而形成的，故只能归因于牵引流沉积。

以上分析可以看出，不同学者对这种不具备浊流单一沉积特征的岩相组合复杂的沉积体给出了不同解释。Lowe(1982)的高密度浊流其实包含了浊流、牵引流和混合流等多种性质的流体。许多学者认为 Shanmugam(1996a，1996b)提出的"砂质碎屑流"的概念涵盖了变密度流、非黏性碎屑流、惯性层流、颗粒流、流动颗粒层、滑塌浊流、牵引流等术语的内涵(李云等，2011b)，同时认为砂质碎屑流应包含 Lowe(1982)砾质高密度浊流。但从图 4-30 分析看出，Lowe 提出的 R_3 段实际上是浊流成因的。

阶段四：最后一个阶段是粒度最细的沉积物的沉降，可形成典型的鲍马序列。该阶段流体以浊流为主，也存在深水牵引流等其他类型的流体。

只有在流体运动空间足够的前提下，才能使碎屑流与水体充分混合，实现塑性流体向液态流体的转换，才具备浊积岩形成和保存的条件，形成完整的浊流沉积体系，而碎屑流体系仅发育了前两个阶段。

在流体实验的基础上，通过详细解剖分析东营凹陷北坡沙四段重力流沉积体系在垂向和横向上的沉积物变化特征，发现从物源区到湖盆中心，沉积物演化特征具有特定的规律性。

在流体实验中，复杂的层序源于最初的单一流体，因此有理由相信，地质记录中的复杂重力流层序为流体性质转换的结果。塑性流体在运动过程中被稀释，颗粒支撑机制发生复杂的变化，出现多种流态的流体。塑性流体被稀释到一定程度后会转换为液态流体，一次重力流沉积事件所形成的沉积物层序可归纳为图 4-30 所示的模式。

(1) 沉积区根部区域。该区域与周围水体接触时间最短，颗粒支撑机制未发生变化，以流体的整体冻结式沉积为主，沉积物以块状层理角砾岩相为主。

(2) 沉积区中部区域。该区域沉积前底部流体与周围水体混合相对充分，流体黏度较低，破坏基质支撑作用，导致颗粒发生沉降，由于颗粒密度较大，形成反递变层理的颗粒流沉积物，Lower 将此称为高密度浊流的牵引毯沉积；其上为高浓度碎屑流与低浓度碎屑流沉积物组合，上部为高浓度浊流与低浓度浊流组合。垂向层序的岩相组合为反递变层理砂砾岩相-块状层理砂砾岩相-似平行层理砂砾岩相-正递变层理砂砾岩相-正递变层理含砾砂岩相。

(3) 沉积区末端区域。流体末端以下部浊流沉积物为主，上覆牵引流沉积物和湖相泥岩沉积。垂向层序岩相组合为正递变层理含砾砂岩相-平行层理砂岩相-沙纹层理砂岩相-波状层理泥质砂岩相-水平层理泥岩相(图 4-30)。

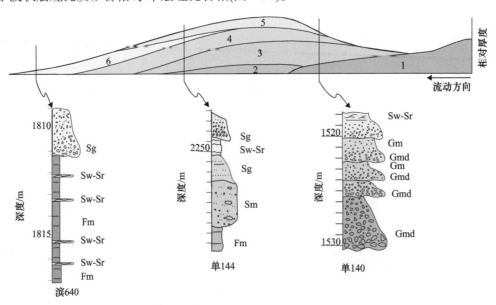

图 4-30　重力流沉积物层序图解

1. 高浓度碎屑流沉积；2. 颗粒流沉积；3. 低浓度碎屑流沉积；4. 高密度浊流沉积；5. 牵引流沉积；6. 低密度浊流沉积

将重力流沉积的典型岩相类型及成因归纳如表4-3所示。

表4-3　重力流沉积的典型岩相类型及成因

岩相	描述	解释
Gmd 块状层理角砾岩相	角砾岩，杂基支撑，基质含量为25%~35%，含棱角状-次棱角状砾石	高浓度碎屑流冻结式沉积物
Gr 反递变层理砂砾岩相	砂砾岩，反递变层理，颗粒支撑	颗粒流沉积物
Gm 块状层理砂砾岩相	砂砾岩，块状层理，杂基支撑-颗粒支撑的砾岩，含次棱角状-圆状砾石	低浓度碎屑流沉积物
Gh1 似平行层理砂砾岩相	砂砾岩，似平行层理，杂基支撑-颗粒支撑	低浓度碎屑流沉积物
Sm 块状层理砂岩相	粗砂岩，块状层理，杂基支撑-颗粒支撑，可见泥质浮屑	低浓度碎屑流沉积物
Gr1 正递变层理砂砾岩相	砂砾岩，正递变层理，颗粒支撑	高浓度浊流
Sg 正递变层理含砾砂岩相	含砾砂岩，正递变层理	低浓度浊流
Sh 平行层理砂岩相	细砂-粉砂岩，平行层理，分选中等-良好	牵引流
Sw 沙纹层理砂岩相	细砂-粉砂岩，沙纹层理，分选中等-良好	牵引流
Sr 波状层理泥质砂岩相	粉砂岩-泥质粉砂岩，波状层理，分选差	悬浮沉积
Fm 块状黑色泥岩-粉砂岩相	块状黑色泥岩-粉砂岩，常具透镜状层理砂岩	深湖悬浮沉积

第五章　湖盆重力流沉积体系

从石油地质观点出发，按照湖泊中主要生油层阶段、湖泊及其所在沉积盆地的构造性质，可将构造湖进一步划分为断陷型、拗陷型和断陷-拗陷过渡型三大类，再根据湖水是否与海洋相通和湖水盐度细分为12类(表5-1)。

表 5-1　中国中、新生代湖泊类型

含盐度	断陷湖泊		拗陷湖泊		断陷-拗陷过渡型湖泊	
	近海湖泊	内陆湖泊	近海湖泊	内陆湖泊	近海湖泊	内陆湖泊
淡水湖	近海断陷淡水湖	内陆断陷淡水湖	近海拗陷淡水湖	内陆拗陷淡水湖	近海断-拗过渡型淡水湖	内陆断-拗过渡型淡水湖
盐湖	近海断陷盐湖	内陆断陷盐湖	近海拗陷盐湖	内陆拗陷盐湖	近海断-拗过渡型盐湖	内陆断-拗过渡型盐湖

湖盆深水重力流沉积体受物源性质、气候、水深、古地貌、水体盐度、构造等多个因素的影响，但最终的沉积物形态取决于流体类型及流体性质转换的最终结果(图5-1)。下面将从断陷湖泊和拗陷湖泊两个方面，结合流体性质转换原理建立湖盆深水重力流沉积模式。

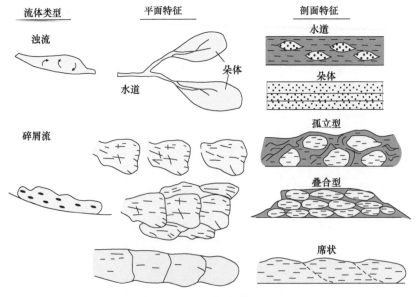

图 5-1　不同流体类型的沉积物展布特征(Shanmugam，2000)

(1) 断陷湖泊重力流沉积模式。断陷湖泊所在的凹陷区的构造活动以断陷为主，横剖面呈两侧均陡的地堑型或一侧陡一侧缓的箕状型，中国含油气断陷湖泊以箕状居多，陡侧为同生断层，另一侧为宽缓的斜坡(图 5-2)。另有一些内陆断陷湖盆多是一些山间或山前的小断陷，多沿区域大断裂分布，往往位于次一级断层与主断层的交汇处。

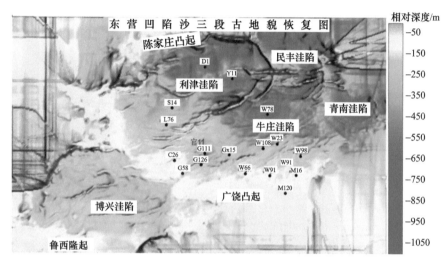

图 5-2　东营凹陷沙三段陆相断陷湖盆古地貌特征(据胜利油田内部资料修改)

断陷湖泊邻近物源，岩性和厚度变化大，深水区偏向陡坡一侧，沉积中心往往与沉降中心一致。断陷湖泊发育的不同时期，由于区域构造运动和其他沉积条件发生变化，沉积特点有所不同，在湖盆中心则可以形成巨厚的含丰富有机质的暗色泥岩，为良好的生油层。

根据流体性质转换程度，可以划分出多种模式：①点物源近岸深水舌状体叠合扇模式；②线物源近岸重力流牵引流混合沉积扇裙模式；③带状补给水道远岸浊积扇模式；④断槽限定性混杂沉积模式；⑤沉积物再滑塌浊积扇或透镜状砂体模式。

(2) 拗陷湖泊沉积模式。拗陷湖泊以拗陷式的构造活动为特点，表现为较均一的整体沉降，湖底地形起伏不大，沉积中心往往与沉降中心一致，位于湖盆中央，在深陷扩张期深水区面积可以很大，但水体不一定很深，却可以形成广泛的生油层，生成的油气总量很大，如早白垩世的松辽盆地，是中国最典型的含油气丰富的拗陷湖。

国内外学者对大型拗陷湖盆湖的研究，指出湖盆发育有与陆坡特征相似的坡折带。以松辽盆地为例，其坡折带具有独特的沉积模式，可以识别出滑坡堆积物、砂质碎屑流沉积、泥质碎屑流沉积和浊流沉积等多种重力流沉积。

需要说明的是，尽管在后面按章节介绍了各种重力流沉积类型，但事实上某种单一的重力流沉积类型并不能单独存在并形成独立的沉积体系。这是重力流之间的相互转化造成的，在实际地质剖面中则呈现为多种类型沉积物的组合，如滑塌岩-砂质碎屑流沉积物-浊积岩的组合。

第一节　点物源近岸深水舌状体叠合扇模式

在中国东部地区中新生代的许多断陷湖盆内，普遍可见点物源近岸深水舌状体叠合砂砾岩堆积体。例如，在黄骅拗陷、泌阳拗陷、济阳拗陷、饶阳凹陷中的河间西洼槽、苏北东台拗陷、河南周口拗陷、云南腾冲山寨盆地、冀中拗陷、廊固凹陷、酒西盆地、下辽拗陷、乌尔逊凹陷、马尼特凹陷、东槽淮拗陷、陕西凹陷等都已发现这种沉积体。这种沉积体一般随大断裂展布，且多分布在湖盆陡坡的一侧，一般具有沟扇对应的特征。其岩性以粗碎屑沉积为主，并夹在深湖相暗色泥岩中，构成砂砾岩、含砾砂岩、砂岩、粉砂岩和泥岩的频繁韵律沉积。

一、扇体的定名

该类沉积舌状体常在水下堆积成巨厚扇体，因此常被称为水下扇。国外学者指出该类扇体常发生在大陆架边缘，地质作用将陆源碎屑运送到大陆坡脚或深海平原中所形成的沉积体称为海底扇。Walker 于 1978 年提出的海底扇相模式，是目前应用较广泛的经典模式。目前，陆相湖泊内水下扇的研究主要与经典海底扇模式对比。

对该类扇体，目前国内外文献中，有水下冲积扇、扇三角洲、近岸扇、近岸水下冲积扇、水下扇、重力流水下扇、近源水下扇(复合)体等提法。孙永传(1980)把发育于湖盆陡岸带由近源的山间洪水挟带大量陆源碎屑直接进入湖盆所形成的水下扇体定义为水下冲积扇，强调当含有大量负载的洪水进入湖盆时，除具有密度流的特性外，仍然表现出一定的冲积性质。董荣鑫和苏美珍(1985)所提出的近岸水下冲积扇与孙永传(1980)的水下冲积扇，属同一沉积体。而吴崇筠(1986)所认为的水下冲积扇则是指山地河流出山口后就直接进入湖盆滨浅水区堆积，形成全部没于水下的扇形砂砾岩体。岩性、形态和分带都像山麓冲积扇，以辫状河道沉积为主，但是由于没于水下，周围泥岩为灰绿色、浅灰色，含浅水生物化石，说明是滨浅湖环境，无或很少有岸上暴露标志(扇根的顶端可能有)，故命名为水下冲积扇，其含义与过去的不同。曾洪流等(1988)定义近岸水下扇是指发育在凹陷陡坡带断层根部、与暗色泥岩互层的扇形粗碎屑岩体，相当于孙永传(1980)的水下冲积扇。端木合顺等对重力流水下扇的命名近似于前述近岸水下扇，其特点仍是粗碎屑岩层与湖相泥岩互层，且发育在箕状凹陷的陡岸带，只是更强调其流体性质属重力流。徐怀大等(1990)认为，其中争议最大的是扇三角洲、水下冲积扇、水下扇、近岸扇，而水下冲积扇的命名是不正确的，冲积本身是陆地上的产物，冠以"水下"二字是相互矛盾的，近年来用者渐少，并改为水下扇，以强调其全然产于"水下"。

林壬子和张金亮(1996)根据水下浊积扇体离湖盆岸线划分出近岸水下扇和带供给水道的远岸浊积扇。据张金亮和谢俊(2008)的研究，认为近岸水下扇是指发育在断陷湖盆中断层的下降盘，呈楔形体插入深水湖相沉积中，且是分布于陡坡带的重要含油气储层的扇形体。这一储层类型以高密度浊流和低密度浊流沉积为主，在搬运机制和沉积作用上有别于分布在湖盆浅水区的水下冲积扇或扇三角洲。

综上所述，该类模式以"近岸水下扇"体系来命名有一定的科学性，但是由于水进或上升盘上具备较短的冲沟，会对流体转换及砂体分布产生一定的影响，可以定义为"冲沟深水扇"，该类型沉积体的近岸深水沉积特征有别于下面提出的"带补给水道的远岸浊积扇"。

二、成因分析

从流体性质转换的角度看，断陷湖盆陡坡带的地貌形态决定了供源体系以山区间歇性洪水流(或泥石流)为特征，由于地形存在较大的相对高差，供源体系具有落差大、流程短、水流急的特点，在洪水期间，它能够挟带大量碎屑物质形成高密度流，高密度流体顺坡高速下冲，在进入半深水-深水环境后，重力流流体性质进入了极为复杂的转换阶段，其原因主要是水体较深，牵引流不发育，而碎屑流有与水体混合的空间和时间，因此呈现多种流态共存并且各种流态之间存在着相互转换的现象。这个过程中最为重要的是水的体积含量对碎屑流流体性质的影响。导致多种流态出现的根本原因是流体中水含量的增加造成黏性强度的降低。随着碎屑流与水混合，颗粒支撑机制开始发生变化，在重力作用下，流体内部开始出现速度差，粗粒物质开始向顶部集中。这个阶段的沉积物会出现极为复杂的岩相组合特征。Talling的研究表明，在多个地质时期的浊积系统中，都广泛存在由碎屑流和浊积岩共同组成的成因单元。

本节以东营凹陷等几个典型的例子说明水下的发育环境。东营凹陷北部陡坡带近岸水下扇主要发育在沙三段早、中期，平面上主要分布在永安镇北部和滨县凸起南部紧邻凸起地区。胜北断层在东营凹陷的发育与演化过程中起到了重要的控制作用，在北部陡坡带控凹大断层——陈南断裂、构造运动及风化剥蚀的共同作用下，在永北地区自东向西依次发育了永79、盐18、盐16三个主要的古冲沟(图5-3)。从构造特征和古地貌形态看，东营凹陷北部陡坡带在沙四段上亚段沉积早期处于半深湖-深湖环境。

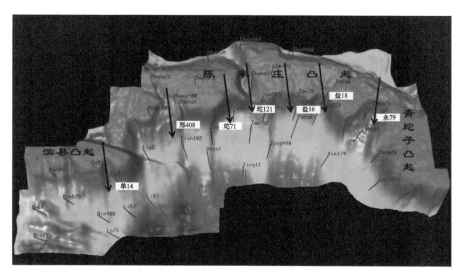

图5-3 东营凹陷北部陡坡带古地貌特征图(根据胜利油田内部资料修改)

三、识别标志

(一) 岩性特征

以东营凹陷北带为例,利津-胜坨地区沙三段下亚段砂砾岩体夹于暗色泥岩、黑色泥岩中,从泥岩颜色看,主要为深湖沉积环境,显示深水沉积特点。盐家-永安地区沙四段上亚段沉积环境与利津-胜坨地区类似,但泥岩含量相对降低。研究区的岩性特征反映深水重力流沉积特征,岩性分布特征如表 5-2 所示。

表 5-2　东营凹陷北带岩性分布特征　　　　　　　　　　　(单位：%)

地区	砾岩	砾状砂岩	粗砂岩	细砂岩	粉砂岩	泥岩	白云岩
利津	22	22	0	2	11	43	0
胜坨	15	19	1	13	14	38	0
盐家-永安	24	25	16	6	13	16	0

(二) 岩石学特征

该类扇体中砂岩类型如图 5-4 所示,胜坨地区主要为岩屑长石砂岩,滨南-利津地区主要为长石岩屑砂岩。储层岩石成分成熟度和结构成熟度都低(表 5-3)。

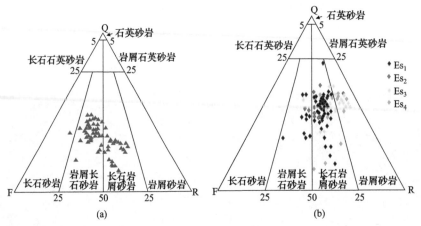

图 5-4　砂岩类型三角图
(a) 胜坨地区；(b) 滨南-利津地区

表 5-3　近岸水下扇岩石结构成熟度

井号	样品数	最大粒径/mm	主要粒径区间	分选性	圆度	风化程度	支撑方式	接触方式	胶结类型
盐 22	4	10.0	不等粒	差	次棱	深	颗粒	点-线	孔隙
盐 222	7	8.0	不等粒	差	次棱	中	颗粒	线	孔隙
	5	8.0	不等粒	中等	次圆	中	颗粒	点-线	孔隙

续表

井号	样品数	最大粒径/mm	主要粒径区间	分选性	圆度	风化程度	支撑方式	接触方式	胶结类型
盐22-22	2	10.0	不等粒	差	次棱	中	颗粒	点-线	孔隙
	19	16.0	不等粒	中偏差	次棱	中	颗粒	点-线	孔隙
	19	12.0	不等粒	中偏差	次棱	中	颗粒	线	孔隙
	27	>18.0	不等粒	差	次棱	中	颗粒	线	孔隙
永920	7	5.0	不等粒	中偏差	次棱	中	颗粒	点-线	孔隙
	3	8.0	不等粒	差	次棱	中	颗粒	点	孔隙

(三)岩相类型

从古地貌形态和沉积物特征看,研究区重力流沉积的物源多为岩石风化剥蚀和垮塌成因的粗碎屑物质在洪水作用下形成的泥石流体系,取心所示的岩相类型可以充分说明这一点(图5-5)。从该阶段的流体类型看,以碎屑流为主。

图5-5 重力流发育"阶段1"所发育的岩石相类型

(a)盐16井,$12\frac{2}{17}$;(b)坨古2井,$1\frac{19}{26}$

该阶段主要形成如下岩石相。

(1) 杂乱堆积角砾岩相(Bd)。该岩相为分选差的杂基支架砾岩杂乱排列形成的无层理砾岩相,砾石直径大小不一,最大砾石直径可超过岩心直径。为粗碎屑泥石流快速堆积的产物。

(2) 块状层理角砾岩相(Gmd)。该岩相为杂基支撑,分选性差,砾石杂乱排列,但砾石磨圆度相对杂乱堆积角砾岩相好。为泥石流快速堆积的产物。

(3) 块状层理砂砾岩相(Gm)。岩性以细砾岩、砂砾岩为主,砾石直径一般为0.5~1cm,

具次棱-次圆状，多为碎屑流凝滞堆积的产物。

泥石流沿冲沟直接进入湖盆，研究区具有陡峭的地貌特征，导致碎屑流具有很大的惯性，从而使流体具有很强的水动力和冲刷侵蚀能力。该阶段流体是一种非牛顿流体的高浓度的沉积物分散体，一般认为是碎屑流沉积。发育侵蚀构造砂砾岩、变形层理砂砾岩和变形层理砂岩等，主要岩石相特征如下：

(1) 块状含砾砂岩相(GSm)。岩性为浅灰-灰色细-中砂岩，含大量砾石，沉积构造不明显，多为块状，有时隐约可见正递变或反递变层理。砾石成分复杂，常见有石英质、生物碎屑、泥砾等。砾石的磨圆度为次圆，且无明显定向排列。该相带间还偶见有泥质条带，这反映水动力较强，物源供给充分且稳定，常见于辫状水道。

(2) 块状层理砂砾岩相(Gm)。岩性以浅灰色粗砂岩、细砂岩为主，分选相对较好，磨圆度为次圆状，单层厚度较大。层内隐约可见粒序变化，是较强水动力条件和快速沉积的产物。

(3) 侵蚀构造砂砾岩相(GSe)。该岩相一般位于单层砂砾岩体的底部，与冲刷特征类似，砂砾岩层底面与下伏泥岩呈凹凸不平的侵蚀接触。

(4) 变形层理砂砾岩相(GSd)。岩性以细砾岩、含砾砂岩为主，是沉积物在重力作用下，由滑塌作用产生的变形特征。

(5) 变形层理砂岩相(Sd)。岩性以浅灰色粉-细砂岩和泥质粉砂岩为主，发育有典型的变形层理，多由于沉积物未完全固结，在成岩状态下发生挤压、滑塌等形成的变形。

(6) 正递变层理含砾砂岩相(GSg)。该岩相由含砾砂岩、粗砂岩和细砂岩组成，粒度从底到顶逐渐变细。岩相顶底界面与其他岩相突变接触。单层厚度通常较薄(为5～30cm)，并与厚层黑色泥岩互层。

(7) 反递变层理含砾砂岩相(GSrg)。该岩相为含砾砂岩，分选极差，一般以颗粒流形式沉积为主，可见反递变层理。

四、FMI 岩相识别

FMI 在揭示岩层岩性、沉积构造、沉积韵律性等方面比常规测井曲线方式更精确、更直观(吴文圣等，2000)。与常规测井相比，成像测井可以提供完整的地层岩性剖面，并且测量结果具有方向性(Rajabi et al., 2010)。实践工作中，成像测井在一定程度上可替代钻井取心；利用成像测井可以直接对层理、沉积粒序、薄互层等沉积结构特征进行识别(隆山和李培俊，2000；尤征等，2000；吴春等，2005)。

将东营凹陷盐家地区的 FMI 岩相模式总结如表 5-4 所示。

表 5-4　东营凹陷盐家地区 FMI 岩相模式特征(Li et al.，2015)

岩相模式	FMI 模式
杂基砾岩	呈亮斑状模式，可见较多砾石，砾石之间为颜色较暗的泥质或砂质填充物(图 5-6)
致密砾岩	亮块模式
含砂砾岩(砾状砂岩)	呈亮斑状模式，亮斑状的砾石占 25%～50%(图 5-7，图 5-8)
含砾砂岩	呈块状模式，亮度中等的背景下有较少的砾石亮点(图 5-7，图 5-8)

续表

岩相模式	FMI 模式
砂岩	电成像图呈块状模式，亮度中等，介于亮度较高的致密岩性和颜色较暗的泥岩中间，有时因含较多灰质成分，亮度增强(图 5-7，图 5-8)
泥质砂砾岩	暗色背景下点状亮斑模式(图 5-7，图 5-8)
泥岩	暗色层状或块状模式

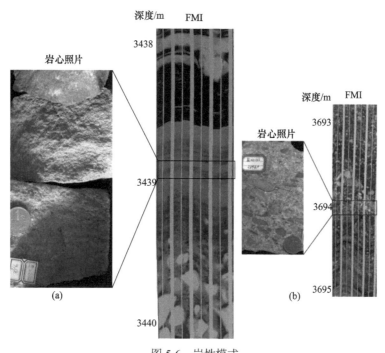

图 5-6　岩性模式

(a) 砂岩，盐 22-22 井，3438.8m；(b) 砾岩，盐 22-22 井，3694m

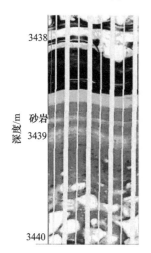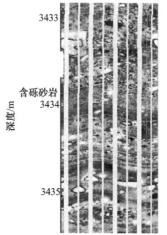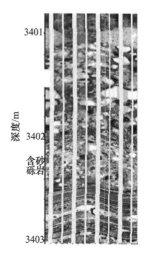

图 5-7　永 928 井岩性成像图

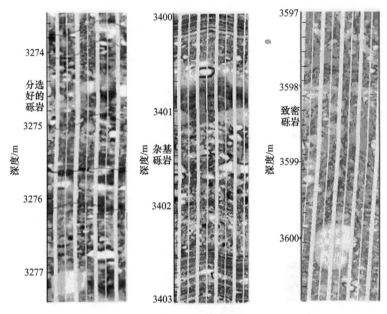

图 5-8　永 920 井岩性成像图 1

　　根据岩心描述与成像测井的对应关系,成像测井图像分析可以识别出表现为半深湖、深湖相水平纹理背景下的碎屑支撑和杂基支撑的粗砾岩及细砾岩,块状层理、递变层理、交错层理等沉积构造较普遍,同时也识别出泥岩水平层理、交错层理、正递变层理、块状层理等层理构造(图 5-9,图 5-10)。

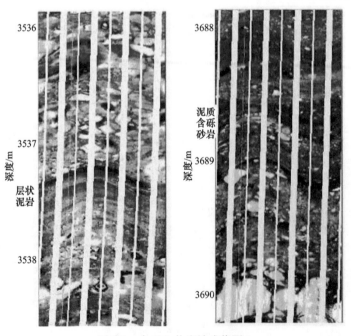

图 5-9　永 920 井岩性成像图 2

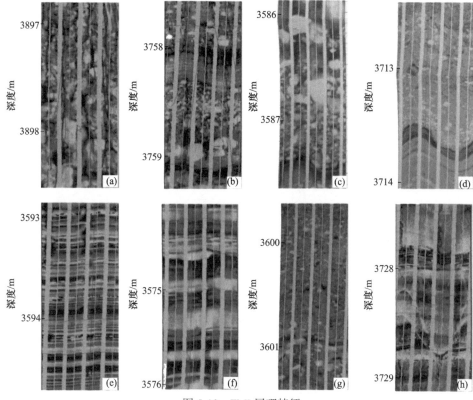

图 5-10　FMI 层理特征

五、岩相组合与垂向层序

该类砂砾岩扇体在平面上可以根据岩相分布划分为内扇、中扇和外扇三个亚相带。内扇主要为沟谷水道充填沉积，发育一条或几条主要供屑水道。主要由杂基支撑的砾岩、碎屑支撑的砾岩和砂砾岩夹泥岩组成。中扇为舌状体叠合区，是扇的主体。外扇为深灰色泥岩夹中-薄层砂岩，砂层以低密度浊流沉积为主。东营凹陷盐家地区自下而上表现为内扇-中扇-外扇沉积，构成向上变细变薄的垂向层序(图 5-11)。

（一）岩相组合 1：Bd-Gmd-Gm-Fm

该类岩相组合常见于内扇亚相。主要由杂基、碎屑支撑的砾岩和砂砾岩夹暗色泥岩组成杂乱堆积角砾岩相-杂乱堆积砾岩相-块状层理砂砾岩相组合。杂基支撑的砾岩常具有漂砾结构，砾石杂乱排列，甚至直立，不显层理，顶底突变或底部冲刷，并常见大的碎屑压入下伏泥岩中或凸于上覆地层，一般认为形成于水下泥石流(碎屑流)沉积。可以划分出一条或几条主要水道，微相类型可划分出水道充填沉积及漫堤沉积(图 5-12)。

（二）岩相组合 2：Gmd-Gm-Sm

中扇区域主要为舌状体的叠覆沉积，中间无夹层或少泥岩夹层，冲刷面发育，形成多层楼式叠合的砂砾岩体。常见序列为 Gmd-Gm-Sm，单一序列厚度从 1m 到几十米不等。

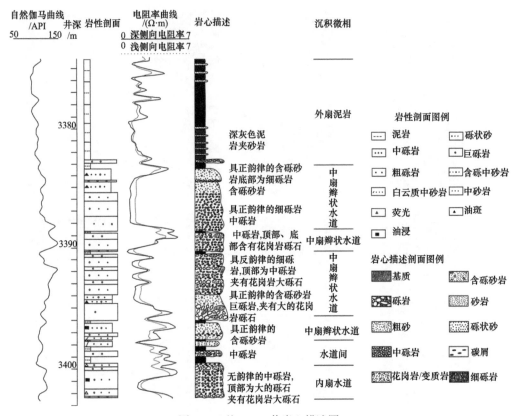

图 5-11　盐 22-22 井岩心描述图

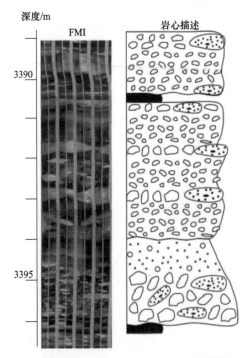

图 5-12　岩相组合 1：Bd-Gmd-Gm-Fm(图例同图 5-11)

舌状体主要发育于距物源区较近地区或物源供给较充分 A/S<1 的条件下，以保存上升半旋回沉积记录为主，下降半旋回则表现为冲刷缺失或无沉积间断。层序的底界面为冲刷面或整合界面，向上表现为沉积物粒度逐渐减小、砂岩单层厚度逐渐减小等显示水体变深的特点，沉积序列显示短期旋回向上"变深"的上升半旋回结构。在成像测井上，砾质高密度浊流 R_2 段呈向上变亮的亮斑模式，亮斑状的砾岩占 25%～50%，R_3 段呈向上变暗的亮斑模式，S_1 段为块状背景砾石点状亮斑模式，S_3 段为层状模式，整体上，由下而上为亮斑模式到块状背景砾石亮点模式再到层状模式的序列(图 5-13)。中扇舌状体以多个高密度浊流序列叠加为特征，FMI 呈现多个亮斑模式到块状背景砾石亮点模式再到层状模式序列的叠覆(图 5-13)。

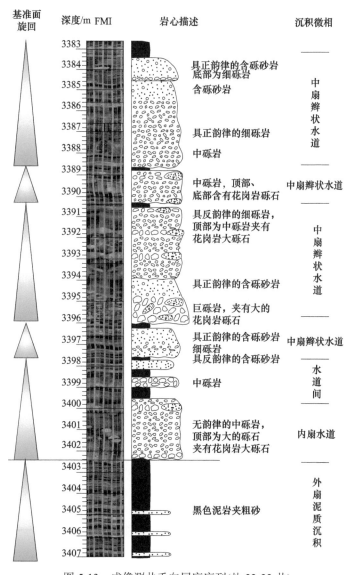

图 5-13 成像测井垂向层序序列(盐 22-22 井)

（三）岩相组合 3：GSrg-GSg-Sc-Sr

岩相组合序列由下往上常由反递变的 GSrg 段和正递变的 GSg 段组成，有时上部还可出现模糊交错层砂岩 Sc-Sr 段。

该类岩相组合主要发育于距物源区较近地区或物源供给较充分 A/S<1 的条件下，以上升半旋回沉积记录为主，下降半旋回则表现为冲刷缺失或无沉积间断。层序的底界面为冲刷面或整合界面，向上发育沙纹层理粉砂岩相、灰黑色泥岩相，或表现为沉积物粒度逐渐减小、砂岩单层厚度逐渐减小等显示水体变深的特点，沉积序列显示短期旋回向上"变深"的上升半旋回结构。在成像测井上，GSrg 段呈向上变亮的亮斑模式，亮斑状的砾岩占 25%～50%。GSg 段呈向上变暗的亮斑模式，Sc 段为块状背景砾石亮点模式，Sr 段为层状模式(图 5-14)。

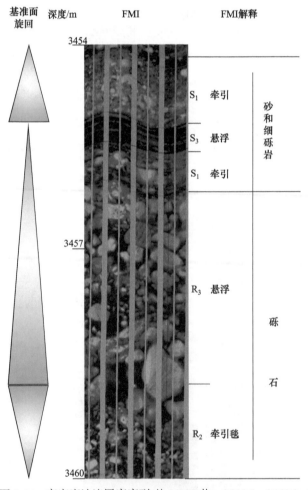

图 5-14　高密度浊流层序序列(盐 22-22 井，3666.7～3668.3m)

（四）鲍马序列

东营凹陷盐家地区可识别出鲍马序列，FMI 的特点表现为底部能见到清晰的粒度递变层理，由下到上，由粗变细，颜色由亮到暗。底部最粗的砂砾岩呈现蜂巢状，颜色变化不均匀，构成鲍马序列的 Ta 段。向上为呈平行层理的中、粗砂岩 Tb 段，可见波状平行层理，颜色分布均匀且比下部暗，反映电阻率低，粒度比下部细。Tc 段可见明显的小型波状层理，颜色暗且均匀，反映岩性变细且沉积能量变低(岩性为粉、细砂岩)。Td 段为暗色的泥质粉砂岩，图像颜色更暗，层理显示更明显。顶部为颜色最暗的 Te 段，呈块状(图 5-15)。

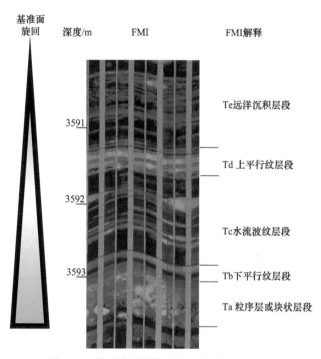

图 5-15　鲍马序列成像测井识别(盐 22-22 井)

(五) 外扇泥岩微相层序序列

外扇为深灰色泥岩加中-薄层砂岩，砂岩层常显递变层理、平行层理、水流波纹层理，以鲍马序列 Tb、Tc、Td、Te 段为主。FMI 显示为灰色条带加暗黄色条带模式。

鲍马序列是经典浊积岩最具特征的标志。东营凹陷盐家地区鲍马序列 FMI 图像的特点表现为底部能见到清晰的粒度递变层理，由下到上，由粗变细，颜色由亮到暗。底部最粗的砂砾岩呈现蜂巢状，颜色变化不均匀，构成鲍马序列的 Ta 段。向上为呈平行层理的中、粗砂岩 Tb 段，可见波状平行层理，颜色分布均匀且较下部暗，反映电阻率低，粒度较下部细。Tc 段可见明显的小型波状层理，颜色暗且均匀，反映岩性变细且沉积能量变低。

六、典型沉积模式

盐家油田处于东营凹陷北坡，古近系沉积时期，在陈南断裂的断陷及风化剥蚀的共同作用下，在研究区的基底发育了盐 16、盐 18 古冲沟(王志刚，2003)，沙四段上亚段沉积初期，粗碎屑沉积物经盐 16、盐 18 古冲沟搬运后进入坡陡深水区快速堆积，主要形成近岸水下扇沉积体系。

　　从流体性质转换的角度看，碎屑物质入湖后以水下泥石流(碎屑流)的方式运移，形成典型的水道充填沉积，沉积物以块状层理碎屑流为特征。流体进入深水区后随着与水的不断混合，流体浓度降低，呈现多种流体混合的流体形态，沉积物出现块状层理、牵引构造、平行层理、交错层理、反递变层理、正递变层理等多种层理的岩相组合特征(图 5-16)。流体转换的最后过程是典型浊流层序的出现。根据层序特征及砂体分布特征，可将近岸水下扇体系划分为以碎屑流为主的内扇亚相、以混合沉积为主的中扇亚相、以泥质沉积和薄层砂岩为主的外扇亚相，外扇亚相中可见典型鲍马序列(图 5-16)。

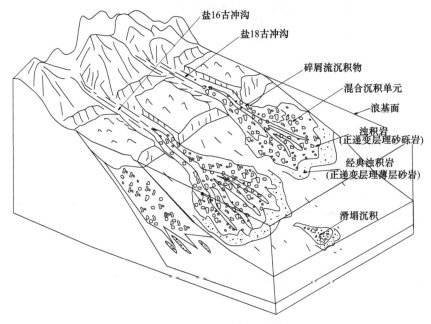

图 5-16　近岸水下扇沉积模式

第二节　线物源近岸重力流与牵引流混合沉积扇裙模式

　　当源区地貌形态沟谷体系不发育时，往往会显示出线物源特征，线物源往往会分散洪水入湖的能量，供源体系往往在洪水期出现泥石流-洪水流-片流的阶段性演化特征。供源体系由重力流向牵引流的变化，必然造成沉积物显示出重力流与牵引流共存且具有较好的分异性的特征，在平面上则展示出扇裙的形态特征，该类沉积模式在伊通盆地莫里青断陷双阳组二段地层中表现得较为明显。

　　莫里青断陷自下而上发育古近系双阳组、奢岭组、永吉组、万昌组、齐家组和新近系岔路河组，其中双阳组地层又可进一步划分为双一段、双二段和双三段。莫里青油田双二段地层形成于近源、快速堆积断陷湖盆环境，细砂岩、中粗砂岩、砂砾岩和砾岩较为发育,泥岩为灰黑色和灰色。

一、扇体的命名

本书把具有以上特征的扇裙称为斜坡裙。"斜坡裙"的概念最初由 Cook 和 Mullins 在研究异地碳酸盐岩时提出,定义为以线物源为特征且具有多条下切水道的重力流裙状堆积体。Gorsline 和 Emery 将斜坡裙描述为以线物源为基础的,相对缺少浊流、液化流、颗粒流沉积且存在一个向盆地方向的滑动流、重力流到牵引流沉积过渡带的砂质"峡谷补给"沉积体系。Stow 认为斜坡裙主要为发生在浪基面以下的浅海盆地陡坡边缘的一系列复杂沉积裙,由斜坡向盆地方向逐渐由角砾岩-砾岩组合向砾石、砂岩相及更深处的泥岩相带过渡,横向和垂向上的显著沉积相变化说明一些河道化作用在沉积期间发生。

斜坡裙概念在国内最早是由沈凤和张金亮(1992)在引用 P.J.Brenchleyctal 的 slope apron 时提出的,并指出斜坡裙是在风暴浪裂流作用下,将湖滩砂体挟带至滨外,在深水区形成的砂质堆积体(沈凤和张金亮,1992)。李存磊等(2012)在研究高邮凹陷邵伯地区戴南组的砂砾岩储层时提出斜坡裙是由近源的阵发性水流挟带大量陆源碎屑沿多条碎屑流路径入湖后形成裙带状展布的砂砾岩堆积体,并根据岩性和层序特征将斜坡裙沉积体系进一步划分为近端亚相、中部亚相、远端亚相 3 个亚相,建立了该区斜坡裙的沉积模式,这是国内第一次系统地对末端扇沉积相和沉积模式进行具体研究。

总的来说,斜坡裙发育在断陷盆地的陡坡带,是以线物源为基础,相对缺少浊流沉积且存在一个向盆地方向的滑动流、重力流到牵引流沉积过渡带的沉积体系。

斜坡裙的分布相对比较局限,只有在特定的地形、构造及气候条件下才能发育。

(一) 地形及构造条件

斜坡裙沉积体系发育的主要控制因素是构造,次级控制因素是沉积物供应和海平面变化。邻近盆缘断裂一侧构造陡坡带高差变化大、坡度陡,这些是斜坡裙发育的最有利和最基本的条件。

(二) 气候条件

对于气候条件,潮湿和干燥气候条件下斜坡裙都可以形成,但气候通过气温、降水等变化直接影响物源区植被发育、物源区风化类型和强度、地表水文状况及陆源物质的供应等。

二、岩石相类型

基于莫里青地区 15 口井 600 余米岩心资料的详细分析,识别出以下 12 种岩石相类型,并从岩石相的流体成因角度分析推测岩石相形成的流体类型与流体性质。岩相的描述和解释概括在表 5-5 中,岩相的分布如图 5-17 所示。

表 5-5　莫里青地区岩石相类型

岩相	描述	解释
Gmd	无序排列，杂基支撑砾岩，基质含量为25%～35%，含棱角状-次棱角状砾石，厚度为1～20m	碎屑流沉积(Ineson，1989)
Gm	块状的砾岩，杂基支撑-颗粒支撑的砾岩，含次棱角状-圆状砾石	水下碎屑流沉积(Hampton，1972，1975)
St	槽状交错层理极细砂-粗砂，可含砾石	典型的牵引流沉积，指示曲流河沉积特征
Sh	水平层理极细砂-粗砂，可含卵石，分选中等-良好	面状底流，高流态牵引流(Nath et al.，2005)
Sr	波状交错层理细-中等粒度砂岩	波浪或水流作用,高流态牵引流(Nath et al.，2005)
Swl	波状-透镜状层理砂岩，中等分选	低流态悬浮沉降(Nath et al.，2005)
Sd	具变形层理的浅灰色细粒砂岩，常具滑塌褶皱，球枕构造	沉积砂体滑塌(Nath et al.，2005)
Sm	块状细粒浅灰砂岩，可见泥质浮屑	高密度浊流(Lowe，1982)，砂体碎屑流(Shanmugam，1996a)
Sg	具正常粒级层理的粗砂岩、细砂岩和粉砂岩	浊流
Sdi	浅灰色细粒砂岩夹深灰色泥岩，细砂层为正常层理	浊流沉降(Sanders，1965)
Fm1	深灰色泥岩，常具滑塌褶皱	半深湖悬浮沉积
Fm2	块状黑色泥岩-粉砂岩，常具透镜状层理砂岩	深湖悬浮沉积

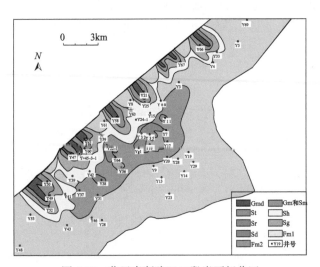

图 5-17　莫里青断陷双二段岩石相分区

(一) 块状层理角砾岩相(Gmd)

块状层理角砾岩相以无序排列、杂基支撑的砾岩为特征，垂向上通常为1～20m厚。砾岩分选差，不等粒，泥质基质含量为25%～35%。砾石磨圆度为棱角状-次棱角状。该岩相底部常出现刻蚀构造与下伏岩层表现为不均匀接触(图5-18)。这种岩相在所有的岩心剖面中大约有10%的比例。

高基质比率、内部无序砾石排列，底部叠瓦状砾石构造显示该岩相形成于泥石流沉积(Fisher，1971)。岩相分布图表明该类岩相以条带状分布在陡坡带区域，几乎以直角相交于盆地边缘，这是斜坡裙体系多物源的重要证据。

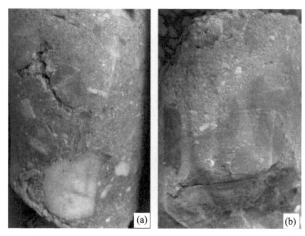

图 5-18　杂基支撑杂乱砾岩相
(a) 砾石无序排列；(b) 底部砾石呈叠瓦状排列

(二) 块状层理砂砾岩相(Gm)

块状层理砂砾岩相以杂基支撑-颗粒支撑的多杂质的砾岩以及不具层状构造为特征，砾石磨圆度以次棱角状-圆状为主。沉积物粒度从泥到砂砾级均有分布(图 5-19)。

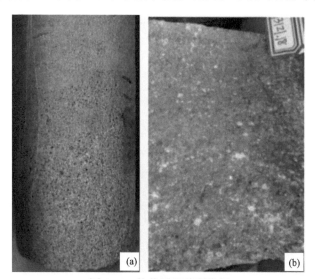

图 5-19　块状层理砂砾岩相
(a) 杂基支撑-颗粒支撑的块状砾岩相；(b) 砾石磨圆度为次棱角状-圆状

块状砾岩相是典型的水下碎屑沉积物。水下碎屑流为非牛顿流体，流态为层流，颗粒支撑机制为碎屑支撑。

块状砾岩相在垂向上通常分布在基质支撑杂乱砾岩相的前方，这种岩相分布指示了杂乱砾岩相向块状砾岩相的转变，即体现了泥石流向碎屑流的转换。搬运过程中随着水的稀释作用造成大量碎屑流颗粒的卸载和流体黏度降低是岩相转变的主要因素。

(三) 块状层理砂岩相(Sm)

块状层理砂岩相在深湖体系中广泛分布。由大量细粒灰-黑色砂岩组成,厚度为0.8~1.5m,块状层理砂岩相中常见撕裂状漂浮泥质碎屑(图5-20)。

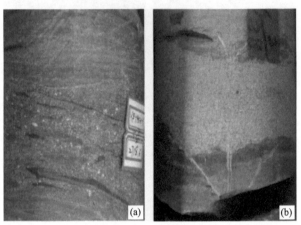

图5-20　块状层理砂岩相

(a) 细粒块状砂岩中呈漂浮状的泥石碎屑;(b) 底部侵蚀面

深水富碎屑块状砂岩的来源是有争议的,不同的研究人员把它归为不同的沉积过程,即高密度浊流、砂质碎屑流、混合沉积重力流。由于块状砂岩具有塑性流体性质,而高密度浊流的性质为牛顿流体,所以高密度浊流被Shanmugam否认;而混合沉积重力流不是流体的一种类型。

(四) 正递变层理含砾砂岩相(Sg)

正递变层理含砾砂岩相由粗砂岩、细砂岩、粉砂岩组成,粒度从底到顶逐渐变细。岩相顶底界面与其他岩相突变接触。正递变层理含砾砂岩相单层厚度通常较薄(为5~30cm),并与厚层黑色泥岩互层(图5-21)。研究区深水区正递变砂岩相频繁出现。

图5-21　正递变层理含砾砂岩相

正递变层理是浊流沉积物的典型证据(Kuenen and Migliorini，1950；Gorsline and Emery，1959；Bouma et al.，1962)。砂质碎屑流在流动过程中与水不断混合造成流体黏度降低、颗粒支撑机制由碎屑支撑转变为湍流支撑是浊流的主要成因。

(五)槽状层理砂岩相(St)

岩性主要为中砂岩、细砂岩和粉砂岩，分选好，磨圆度为次圆状，发育槽状交错层理(图5-22)。

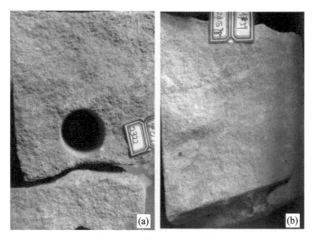

图 5-22　槽状层理砂岩相

槽状层理砂岩相是典型的牵引流成因。该类岩石相平面上主要发育在扇体的中部，垂向层序上一般位于块状砂砾岩相的上部，是河道沉积的典型层理。

三、岩石相组合与沉积环境

岩心资料揭示了斜坡裙详细的岩石相组合特征，结合录井、测井资料将斜坡裙岩石相组合划分为三种类型。

(一) 岩相组合1

该类岩相组合在整个斜坡扇沉积物中粒度最粗，以砂砾岩为主，碎屑颗粒粒间填隙物特征不一，岩石相表现为 Gmd-Gm-Fm1 组合，总体具颗粒流和泥石流特征，砾石以细砾为主，砾石直径大者可达 10cm 以上，呈漂砾状出现。岩石为暗棕色或灰绿色，内部结构不均一，并常见块状构造；粒序变化不明显，底面一般表现为岩性突变，有时也可见冲刷面，冲刷面呈现砾石的叠瓦状排列，厚度一般不大，无明显层理构造，整体显示泥石流沉积特征(图5-23)。

(二) 岩相组合2

该类岩相组合主要包括分选差、基质含量较高的中砂岩和砾岩，砂层的底面见微冲刷，常见 Gmd-Gm-Sm-St-Sh-Sdi-Fm1 组合，单一岩相组合厚度为 20~50m。该岩相组合为典型的碎屑流沉积物(Gmd、Gm 和 Sm)与牵引流沉积物(St、Sh 和 Sdi)的混合堆积(图 5-23)。

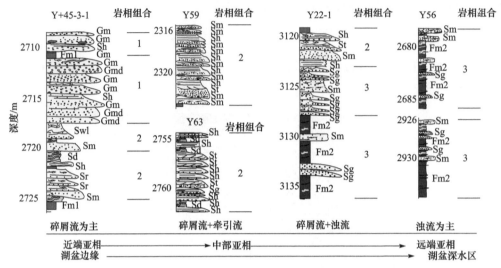

图 5-23　莫里青断陷双二段岩心层序特征

碎屑流沉积物形成于快速堆积的重力流沉积，具有一定陡坡的半深水沉积环境。总体上，该类岩相组合内砾石的粒度小于岩相组合 1；砾石分选性好于岩相组合 1。由于斜坡的存在，碎屑流以较高的速度向深水区运动，运动过程中与水不断混合，造成流体性质发生改变，从而形成了多种重力流沉积物。

在该岩相组合中，牵引流沉积物通常位于重力流沉积物之上，形成连续的沉积序列。可能是供源体系由初期的重力流转换为中后期的洪水流造成的。

(三) 岩相组合 3

该类岩相组合以厚层泥岩夹薄层砂质碎屑流沉积物和浊流沉积物为主，少见侵蚀冲刷构造，砂岩中常见块状层理、平行层理和正递变层理。正递变层理砂岩和具漂浮泥质碎屑的块状砂岩是该类岩相组合中最为明显的识别标志。

该岩相组合体现了静水深水环境中的事件性沉积。先期沉积物的滑塌和滑动是形成该类岩相组合的直接原因。

四、典型沉积相模式

根据国内外文献资料分析(Valladares，1995)，斜坡裙沉积大都发生在海洋中，关于湖相陆源碎屑的斜坡裙更是少见。国外 Gorsline 和 Emery(1959)将斜坡裙描述为以线物源为基础的，相对缺少浊流、液化流、颗粒流沉积，且存在一个向盆地方向的滑动流、重力流到流体流沉积过渡带的砂质"峡谷补给"沉积体系。滑塌沉积物是这种斜坡裙的一个特征。Mutti 和 Ricci 于 1972 年曾针对断陷湖盆深水粗碎屑沉积提出了单物源的谷扇对应的水下扇沉积模式，该模式中的碎屑物基本全部由浊流体系控制。

综合国内外学者对斜坡裙沉积相的研究，结合伊通断陷莫里青地区双二段湖相斜坡裙沉积实例，将斜坡裙沉积相划分为近端亚相、中部亚相、远端亚相，每个亚相由多个微相组合而成(Li et al., 2016)。

斜坡裙近端亚相以重力流和碎屑流沉积为主，平面上表现为多条粗碎屑水道沉积与泥岩沉积的并排展布，造成储层物性差，砂体连通性差。主要发育多条主水道和水道间微相。

斜坡裙中部亚相由于牵引流的发育，沉积物分选性变好，储层物性和砂体连通性明显变好，发育叠覆水道、中部前缘和分流间微相。

斜坡裙远端亚相以灰色泥岩夹薄层砂岩为主，砂岩可发育平行层理和水流纹层理，也可见递变层理和块状层理。自然电位曲线呈指状或齿状。

本书基于大量的岩相分布数据统计和重力流运动沉积理论分析，提出了陆相斜坡裙沉积模式，如图5-24所示，该模式具有以下特征：

(1) 线物源(多物源)。

(2) 存在多条侵蚀水道。

(3) 有规律的砂体分布特征：近端地区以粗碎屑流沉积物为主；中部地区以碎屑流和牵引流混合沉积为主；远端地区以砂质碎屑流和浊流沉积为主。

(4) 砂体在平面上显示裙状特征。

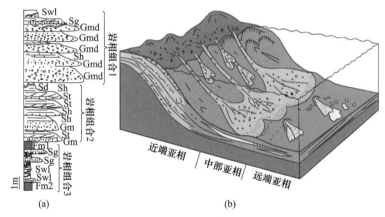

图 5-24　陆相斜坡裙沉积层序特征与沉积模式

(a) 斜坡裙沉积层序特征；(b) 斜坡裙沉积模式

第三节　带状补给水道远岸浊积扇模式

在湖滨斜坡上若有与岸垂直的断槽，岸上洪水挟带的大量泥沙中将有很大一部分通过断槽搬运，形成浊流的供给水道，直达前面深洼中堆积，形成离岸较远的浊积扇体。在缓坡区若存在与岸平行的同生断层，坡度会突然变陡，使沉积作用很快进入深湖区。

所以，带状补给水道远岸浊积扇是一种供给水道-浊积扇体系或沟谷-浊积扇体系。实际上是由一条供给水道和舌形体组成的浊积扇体系，可与 Walker 的海底扇相模式相对比。

湖盆深水重力流沉积机理与沉积相模式

典型的例子有东营南斜坡梁家楼浊积扇和辽河西部凹陷西斜坡的浊积扇(图 5-25)。远岸浊积扇可进一步划分为补给水道、内扇、中扇和外扇几个相带。

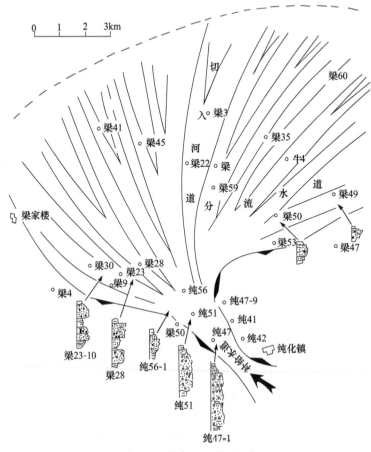

图 5-25　梁家楼远岸浊积扇

重力流在水道内的运动必然会在稀释作用下发生流体性质的不断转换,造成供给水道沉积物较复杂,可以是充填水道的粗碎屑物质,如碎屑支撑的砾岩和紊乱砾岩、砾状泥岩和滑塌层等,也可以完全由泥质沉积物组成,反映了水道废弃后的垂向加积作用。梁家楼油田纯 47-1 井和纯 51 井所揭示的扇的供给水道主要由砂砾岩组成。

内扇区由一条或几条较深水道和天然堤组成。内扇水道岩性由巨厚的混杂砾岩和碎屑支撑的砾岩和砂砾岩组成,可显示砾质高密度浊流层序 R_2R_3 组合和 R_3 段,向中扇方向可出现 R_3S_1 组合,天然堤沉积为鲍马序列,为经典浊积岩。

中扇辫状水道区发育很典型的叠合砂(砾)岩,单一层序粒级变化由下向上是砾岩-砂砾岩或砾状砂岩-砂岩,主要为砾质至砂质高密度浊流沉积,可显示$(S_2)R_3S_1$、$(S_2)S_3$ 和 S_3Tt 组合。中扇前缘区,水道特征不明显,粒度变细,以发育具鲍马序列的经典浊积岩为主。

外扇区为薄层砂岩和深灰色泥岩的互层,以低密度浊流沉积层序 Tbcde 和 Tcde 为主。

与海底扇相模式相似,远岸浊积扇体也可以是由多个舌形体组成的复合体,在垂向剖面上为水退式反旋回，其中每一个单一砂层均呈正韵律特征，如辽河油田大凌河油层发育远岸浊流扇垂向层序(图 5-26，图 5-27)。

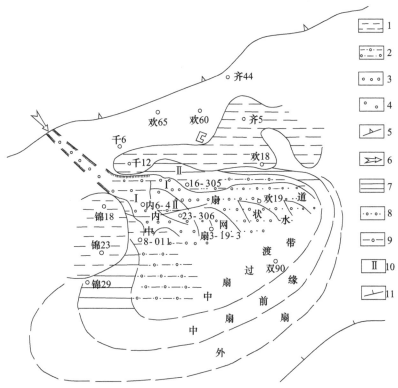

图 5-26　辽河西部凹陷西斜坡锦欢地区三段大凌河油层第二砂层组远岸浊积扇体微相图

1. 泥岩；2. 泥质砾岩；3. 砾岩；4. 内扇水道；5. 剥蚀线；

6. 物源方向；7. 砂、泥岩；8. 砂砾岩；9. 泥质砾岩；10. 天然堤；11. 断层

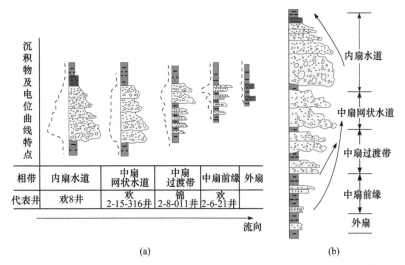

图 5-27　辽河西部凹陷西斜坡锦欢地区大凌河油层远岸浊积扇垂向层序图

(a)从内扇到外扇的沉积层序变化；(b)理想的垂向层序

第四节　沉积物再滑塌浊积扇或透镜状砂体模式

　　滑塌是指在下凹滑移面上运动、因内部变形而发生旋转的沉积物黏结块体。滑塌浊积岩体大多是浅水区的各类砂体，如三角洲、扇三角洲和浅水滩坝等，在外力作用下沿斜坡发生滑动，再搬运形成的浊积岩体，其砂体形态有席状、透镜状和扇状等。滑塌浊积岩体的岩性变化大，与浅水砂体的岩性密切相关。该类沉积物在断陷湖盆和凹陷湖盆深水区均有分布。

　　以三角洲为物源的滑塌浊积岩的粒度较细，沉积剖面中以砂岩、粉砂岩及暗色泥岩为主，砂岩中常见鲍马序列，并普遍发育明显的滑动和滑塌作用的特征标志，常有滑动面、小型揉皱、同生断层、变形构造和底负载构造，以及具有砂泥混杂结构的混积岩。垂向上可以看到三角洲与滑塌浊积层的上、下层序连续沉积的关系，横向上反映出三角洲与前缘深水斜坡上滑塌浊积层的分布关系。东营凹陷内东营三角洲砂体的前方和侧缘，在前三角洲泥带和湖底泥中发现了许多浊积岩透镜体，呈马蹄形分布，这些小的滑塌浊积岩小砂体叠加连片，形成了储量可观的岩性油藏。前三角洲暗色泥岩中发育大量的鲍马序列浊积岩体，这些浊积砂体系由三角洲前缘沉积物向前滑塌形成，具有线状物源，缺乏主水道(图 5-28)。

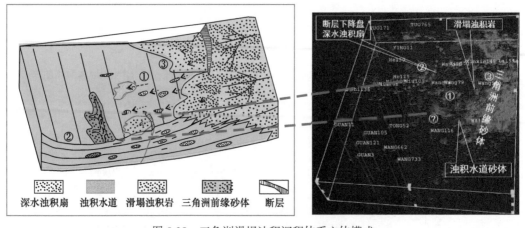

图 5-28　三角洲滑塌浊积沉积体系立体模式

　　断陷湖盆边缘的扇三角洲砂体，由于厚度大，形成一定坡度，处于不稳定状态，很容易产生滑塌再搬运，在其前方深洼处形成滑塌浊积岩体。这类滑塌浊积岩的成分与提供其物源的扇三角洲相似，粒度比其后方的扇三角洲细，但仍含大量的粗碎屑物质(图 5-29)。沉积剖面以砂砾岩、砂岩和深灰色泥岩的互层为主，除发育鲍马序列的浊流沉积外，尚发育大量不宜用鲍马序列描述的高密度浊积岩，常见序列有$(R_2)R_3S_1$、$(S_2)R_3S_1$、$(S_2)S_3Tt$ 等，并常见滑动和滑塌构造及各种泄水构造。

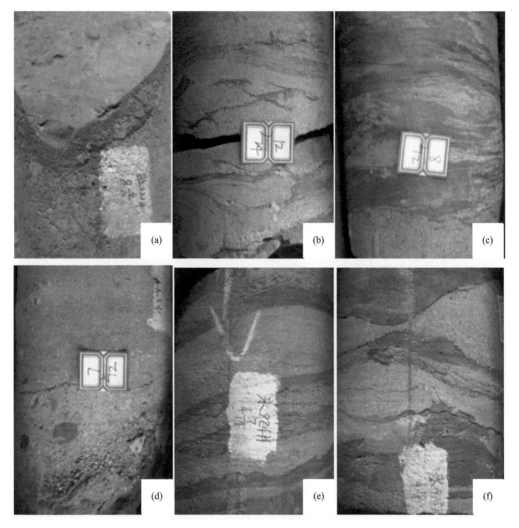

图 5-29　滑塌浊积扇层理构造特征

(a)盐 222 井，$8\frac{5}{10}$；(b)永 92 井，$2\frac{12}{24}$；(c)永 924 井，$2\frac{8}{12}$；(d)永 924 井，$2\frac{7}{12}$；(e)永 924 井，$4\frac{7}{14}$；(f)永 924 井，$4\frac{10}{14}$

　　在东营凹陷，沙四段上亚段沉积期来源于扇三角洲砂体的滑塌浊积岩体非常发育。坨 143 井位于东营凹陷北带胜坨地区下降盘，该段取心泥岩为深灰色，说明了深水沉积环境。主要发育块状层理细砂岩相、块状层理粉砂岩相和正递变层理粉砂岩相。普遍发育滑动面、小型揉皱和变形构造，局部发育鲍马序列，以 Tab 和 Tde 组合为主。粒度概率曲线主要为跳跃总体和悬浮总体，悬浮总体含量较大，显示了浊流沉积特征(图 5-30)。

　　扇三角洲砂体的滑塌浊积岩体多具水道特征，在水道末端出现浊积岩体的舌状叠覆体(图 5-31)。滑塌浊积岩体的发育扩大了油气勘探领域，说明在近岸砂体的前方可以找到与其有关联的含油砂体，组成从近岸浅水砂体到深水浊积砂体的含油沉积体系。

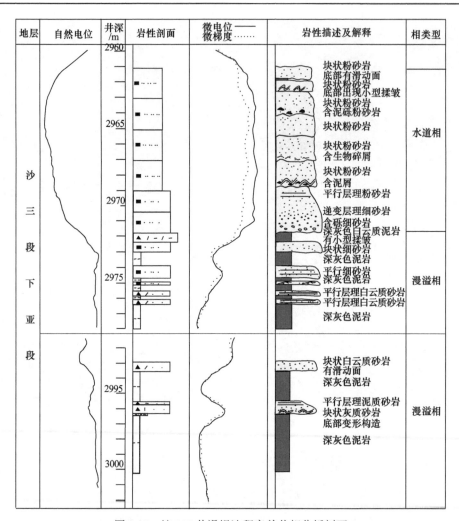

图 5-30 坨 143 井滑塌浊积扇单井相分析剖面

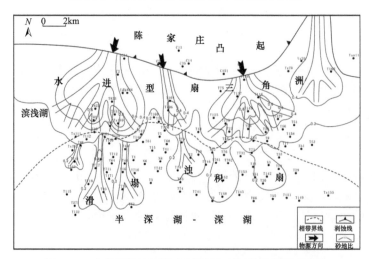

图 5-31 东营凹陷沙四段上亚段扇三角洲-滑塌浊积岩体

第五节　断槽限定性混杂沉积模式

深水重力流沉积体系中除了呈扇状滑塌浊积砂体外，还有非扇状重力流砂体，即重力流水道砂体。东营凹陷北坡带古近系沙河街组、沾化凹陷桩西油田古近系东营组均发现重力流水道体系。

重力流水道多发育在断层控制所形成的箕状断槽内沉积，可见重力流水道是在限定性的范围内沉积，不具备扇体形态。按沉积物的物质来源可分为洪水型和滑塌型。其中洪水型断槽重力流的供源体系为陆上洪水，是洪水挟带粗碎屑沉积物直接流入断槽后在断槽内沉积形成的；滑塌型断槽重力流是指扇三角洲、近岸水下扇等砂体在外界诱导因素下发生滑塌进入断槽而形成的不具备扇形形态的浊积砂体。重力流水道多发育在其他扇体的前方，主要为滑塌型断槽重力流水道。

砂岩发育递变层理、波状层理、泥岩撕裂屑、块状层理、平行层理、泄水管构造、揉皱构造及水平层理，砂岩底部发育有沟模、槽模。单一沉积序列从下到上的沉积构造组合主要有两种类型：泥岩撕裂屑-泄水管构造-揉皱构造-砂泥水平互层层理组合，薄层灰色砂岩与顶部黑色块状泥岩突变接触；块状层理-平行层理-脉状层理组合。这些沉积构造及组合类型反映东营组下段重力流水道的液化流和浊流沉积特征(图 5-32)。

根据沉积物特征可将断槽型重力流水道划分为水道中心、水道边缘和水下漫溢三种沉积微相。

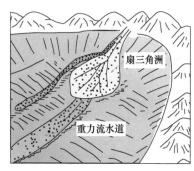

图 5-32　重力流水道发育模式示意图

一、水道中心微相

水道中心微相为浊流初期沉积，其底部与下伏黑色泥岩突变接触，岩石类型为分选较差的含砾砂岩-含粗砂细砂岩混合碎屑岩，细砾石粒径为 2～5mm，分布零散，主要发育正递变层理和块状层理，单一沉积成因序列相当于鲍马序列的 Tab/Tabd/Tac 组合，厚 5～30cm。多期水道中心微相纵向叠置而形成的块状砂岩相当于鲍马序列的 Tab-Tabd/Tab-Tac 组合，厚度大于 2m，最大可达 15m。

二、水道边缘微相

水道边缘微相是浊流向牵引流演变阶段所沉积，同时具有浊流和牵引流沉积的特征，岩石类型主要有细砂岩及粉砂岩，岩屑及泥质含量高，发育平行层理、波状层理及揉皱构造，可见砂泥纹层互层构造。单一沉积成因序列相当于鲍马序列的 Tbc/Tbd 组合，厚度为 5～20cm，多期水道边缘微相纵向叠合而形成的砂体相当于鲍马序列的 Tb-Tbc/Tbc-Tbd 组合，厚度为 1～3m。

三、水下漫溢微相

　　水下漫溢微相为浊流演化后期的悬浮沉积，分布在浊流水道与湖盆泥岩之间，岩石类型主要为粉砂岩、泥质粉砂岩或粉砂质泥岩，发育波状层理、水平层理及水平互层层理。单一沉积成因序列相当于鲍马序列的 Tcde/Tde 组合，厚度为 3～10cm。

　　利 96 井单井相分析剖面(图 5-33)反映了重力流水道的沉积特征。泥岩以深灰色为主，显示了较深水环境。整段以砂泥交互沉积为特点，显示了间歇性物源供给的特点。取心显示以碎屑流和浊流成因的块状层理和递变层理为主，岩性主要为砂砾岩和含砾砂岩，局部可见较粗的中砾岩。整段取心缺少牵引流成因的层理类型。

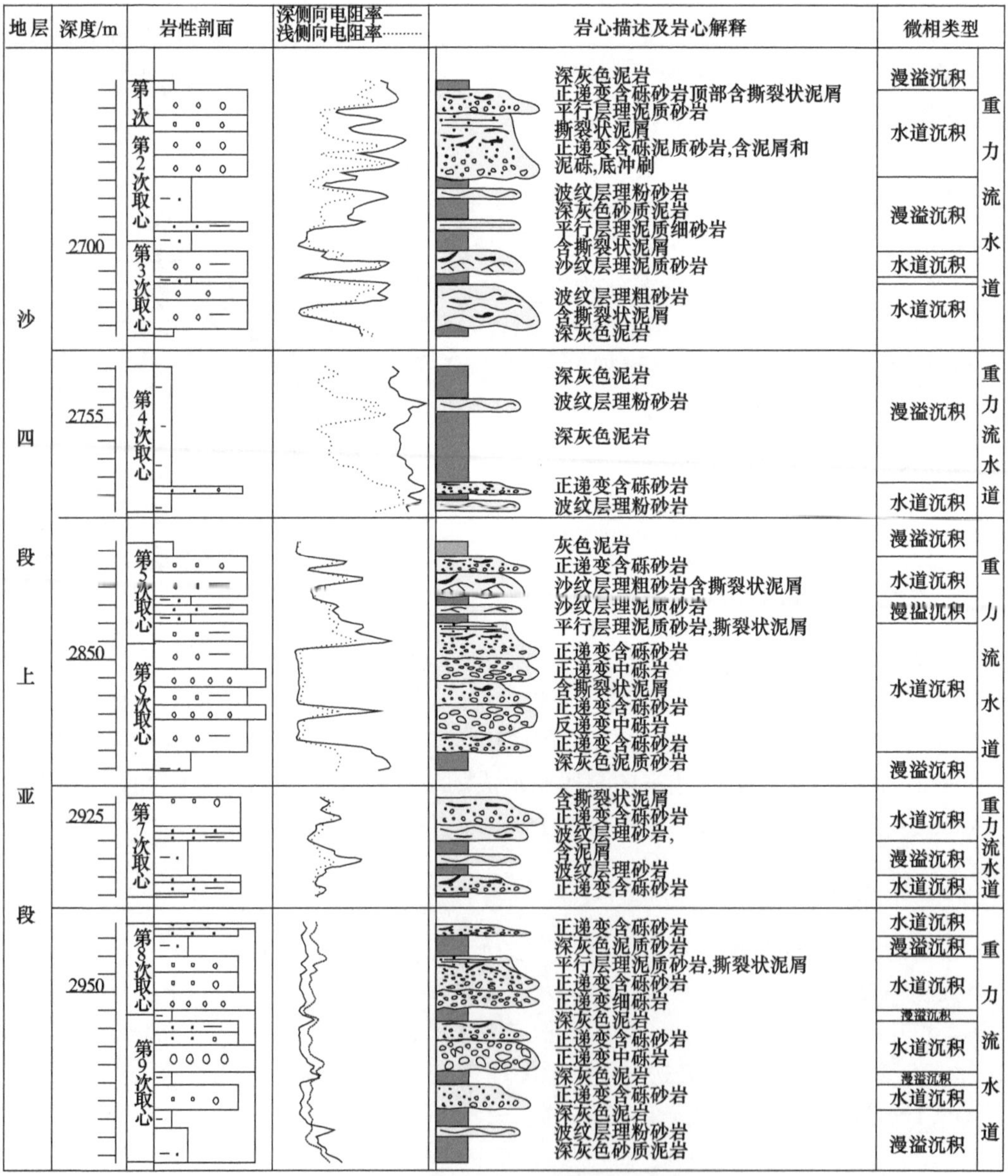

图 5-33　利 96 井重力流水道单井相分析剖面

第六节　拗陷湖盆重力流沉积模式

受浊流沉积模式(即鲍马序列和浊积扇模式)的驱动,以及浊积岩思维定式的影响,20世纪70年代之前将深水砂岩成因主要归为浊流模式。70年代后人们对深水砂岩沉积的认识逐渐发生了根本性的转变。Shanmugam(2002)认为这种对浊流沉积认识转变的原因是误将干净的块状砂质碎屑流沉积当作浊流沉积,并通过对古近纪英国北海盆底扇、挪威海白垩纪、尼日利亚海岸上新世、赤道几内亚海岸上新世、加蓬海岸白垩纪和墨西哥湾上新世—更新世,以及阿肯色州和俄克拉荷马州的沃西托山脉的宾夕法尼亚Jackford群等6402m深水沉积砂岩的岩心和365m深水沉积砂岩的野外露头的详细观察,将前人解释这些地区全为深水浊流沉积的砂岩重新解释为砂质碎屑流和滑塌等块状流以及底流沉积,并认为浊流沉积的砂岩在这些地区的深水沉积砂岩中不到1%。

一、砂质碎屑流沉积特征

砂质碎屑流中由于泥质含量少(最低可为0.5%),砂质碎屑流的支撑机制是内部颗粒间的碰撞、分散压力共同作用。砂质碎屑流内部含有一定量的泥质成分,与颗粒流形成区别。传统上将叠覆冲刷成因的多个鲍马序列Ta段构成的叠覆沉积体解释为多期浊流成因,该类沉积体实际上是砂质碎屑流沉积物。长七段油组砂质碎屑流沉积物岩性主要为细砂岩、粉砂岩,岩心观察识别出两种类型的砂质碎屑流沉积物:一种是泥质含量极少且呈块状的灰色细砂岩、粉砂岩;另一种是富含泥砾的块状灰色细砂岩、粉砂岩。其沉积特征如图5-34所示。

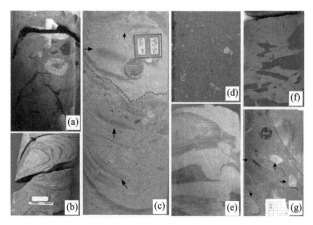

图5-34　砂质碎屑流沉积层理构造特征
(a、d、f)粗砂含泥屑;(b)变形层理;(c、e)细砂含泥屑;(g)含砾粗砂含泥屑

(一) 块状砂岩相

该类砂岩相不显示递变层理,整体呈均质块状,含油性好,反映构成砂质碎屑流的原始物质分选较好,并且在流体的运动过程中泥质混入少。部分块状砂岩顶部发育薄层

的平行层理，可能是由砂质碎屑流向牵引流转化而形成。

(二) 富含泥砾的块状砂岩

一类为富含黑色泥岩撕裂屑的块状砂岩，黑色泥岩撕裂屑颜色与下伏泥岩相同，由流体在搬运过程中对底部半深湖-深湖相黑色泥岩产生侵蚀而形成。该类泥砾呈漂浮状分散于细砂岩中，大小混杂，泥砾毛刺发育，分选较差，具有一定的定向性或成层性，反映沉积体呈层状运动且经过短距离搬运快速沉积。岩心中有部分泥砾呈低角度斜交，说明该类泥砾还未发生完全旋转。另一类泥砾磨圆好，颜色偏氧化色，呈浅黄色、浅褐色，说明此类泥砾形成于三角洲平原等水上环境，可能是分流河道侧向侵蚀后，搬运至三角洲前缘水下分流河道，在一定的触发机制下，发生滑动、滑塌作用，进而在半深湖-深湖地区再沉积所致。除此之外，少见由粉砂质泥沙构成的砾石，砾石内部水平层理发育，在该段砂质碎屑流上部可见次圆状的浅黄色泥砾，由此可以推断发育水平层理的泥砾形成于浅水区。

(三) 砂岩中含泥质粉砂团块

粉砂团块呈椭球形，发育同心层。

(四) 砂质碎屑流沉积物与上覆、下伏岩层突变接触

由于砂质碎屑流呈层状流动，它对下伏的深水沉积物一般不具有侵蚀作用，因此与下伏的深水泥岩常表现为突变接触，接触面平直或者发育负载构造、火焰构造。火焰构造和泄水构造主要由砂质碎屑流的滑水效应引起，室内实验已经证明其形成机理。顶部的突变接触形成机理主要是砂质碎屑流呈冻结状态沉积的方式，之后沉积的深水泥岩直接覆盖其上所致。

二、异重流沉积特征

有的学者在鄂尔多斯盆地南部延长组长七段—长六段油层组深湖相沉积中，发现一种不同于砂质碎屑流沉积和滑塌浊积岩的重力流成因砂岩。其沉积特征为一系列向上变粗的单元(逆递变层)和向上变细的单元(正递变层)成对出现；每一个递变层组合内部的泥质含量变化(高—低—高)与粒度变化一致；上部正递变层与下部逆递变层之间可见层内微侵蚀界面；砂岩与灰黑色纯泥岩、深灰色粉砂质泥岩互层；粉砂质泥岩层内也表现出类似的粒度变化特征，结合薄片鉴定，认为该岩石组合形成于晚三叠世深湖背景下的异重流沉积。其沉积产物(异重岩)以发育逆递变和层内微侵蚀面而区别于其他浊积岩，逆递变代表洪水增强期的产物，上部的正递变层为洪水衰退期的沉积，反递变与正递变的成对出现代表一次洪水异重流事件沉积旋回；层内微侵蚀面是洪峰期流速足以对同期先沉淀的反递变沉积层侵蚀造成的。

异重流沉积的宏观特征为：一系列反映洪水增强期的反递变和洪水衰减期的正递变成对出现；泥质含量与粒序特征一致，粒度越细，泥质含量越高；事件沉积层界面处片状云母矿物富集；层内可见微侵蚀面；形成于深水沉积背景，事件沉积层可为垂向加积的深湖相暗色泥岩间隔。

　　砂岩内部的反递变-正递变组合、泥质含量和颜色变化也记录了洪水事件的先增强而后减弱，最大洪峰的能量足够强时，可能对早先沉积的反递变层产生一定的侵蚀，有时可见层内微侵蚀面(ITS)，一般对应层内粒度最粗处(图 5-35)；砂层中部粒度最粗处，偶见少量泥砾(MI)，可能由洪水的冲刷侵蚀和滞留沉积而成。

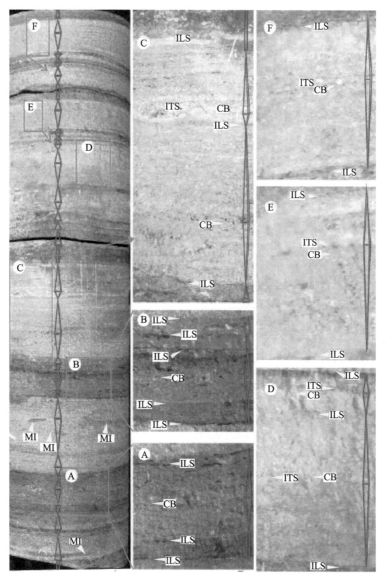

图 5-35　JH4 井延长组长七段油层组异重流沉积宏观特征(据杨仁超等，2015)
ILS. 层间界面；ITS. 微侵蚀面；CB. 粒度最粗带；MI. 泥砾

三、拗陷湖盆重力流沉积模式

　　鄂尔多斯盆地和松辽盆地等大型拗陷湖盆存在坡折带的概念已经被多数学者接受，可识别出砂质碎屑流-浊流-异重流混合沉积模式。

　　砂质碎屑流沉积可划分为两种类型，即非水道体系和水道体系。在碎屑流模式中，坡折带性质(富砂或富泥)、地形(平缓或不规则)、沉积过程(垂直沉降或冻结)将最终控制着砂体的分布和几何形体。但值得指出的是，砂质砂屑流也可以形成舌状的砂体，但它们与经典浊流在海底扇中形成的沉积舌形体不同。经典的浊流在平面上呈扇形，水道砂体在剖面上呈孤立的透镜状，扇体在剖面上表现为厚层块状砂体；砂质碎屑流在平面上呈不规则舌状体，在平面上有三种形态，即孤立的舌状体、叠加的舌状体、席状的舌状体，它们在剖面上分别呈孤立的透镜状、叠加的透镜状和侧向连续的砂体(图 5-36)。

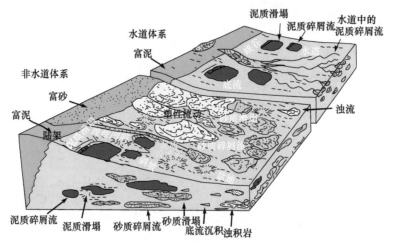

图 5-36　拗陷湖盆重力流沉积模式(据 Shanmugam，2002)

　　洪水期河流径流量及其挟带的沉积物通量远远大于平水期，洪水通过三角洲平原分流河道的分洪作用，在各分流河口快速进入汇水盆地。受地形坡度影响具有较高的动能和势能的洪水，经分流河道分洪进入湖盆后，仍可向前流动一定距离；并在滨浅湖区形成水平方向的回流(图 5-37)。由于滨浅湖区水体浅，不足以形成密度分层，洪水与湖水可发生一定程度的混合作用。洪水因挟带大量泥沙而呈现出相对于湖水的高密度特征；随着水体在三角洲前缘沉积坡折带下逐渐加深，高密度洪水与低密度湖水产生分层流动，高密度洪水潜入低密度湖水之下，沿三角洲前缘斜坡形成快速流动的底流。由于洪水异重流与湖水呈现分层流动而较少混合，沉积物主要受紊流支撑，以悬浮的方式被搬运；且快速流动的底流可对下伏沉积物进行侵蚀、扰动，使新的悬浮物质不断加入底流，故洪水异重流具有较好的稳定性。洪水异重流沿斜坡底部的注入必然造成深水区水面涌高，从而产生垂向的回流(图 5-37，局部放大 1)；回流造成洪水挟带的大量植物碎片在异重流潜入点附近聚集，可被滨浅湖区水平方向的回流驱动向分流间湾漂移，或可解释在长七段—长六段油层组深水沉积中难以见到植物碎片的现象。

　　平水期的水体密度差异不足以形成异重流，故在河口形成正常的三角洲沉积，可发育河口坝或延伸一定距离的水下分流河道沉积。这种在三角洲沉积区形成的沉积物积累，可以为滑塌、砂质碎屑流及(或)触发型浊流奠定物质基础；洪水异重流也可能诱发前缘斜坡滑塌形成砂质碎屑流或浊流。因此，异重岩也可与砂质碎屑流沉积、滑塌浊积岩共生，这些不同类型的深水重力流之间可能存在复杂的相互关系。

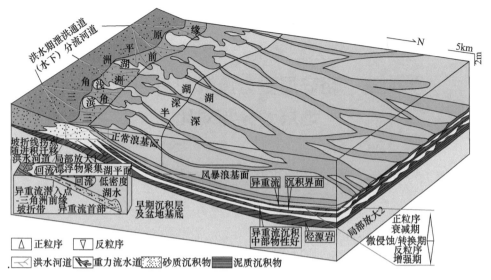

图 5-37　鄂尔多斯晚三叠世湖盆异重流沉积(据杨仁超等，2018)

第六章　粗碎屑重力流沉积高精度层序地层划分与对比

第一节　概　　述

砂砾岩体是在山高、坡陡、水深的沉积环境中重力流沉积物快速堆积的产物，造成沉积体系复杂，缺乏生物化石及稳定的、可全区有效逐层对比的泥岩隔层。传统的生物化石结合岩-电关系进行地层划分的方法，难以适应重力流成因的砂砾岩体沉积期次的划分和对比。砂砾岩体沉积期次的精细划分、对比已成为制约砂砾岩油气藏勘探开发的瓶颈之一。

一、重力流沉积期次划分的特殊性

粗碎屑重力流沉积不同于牵引流沉积，所形成的地层不具层状结构，而是以结构复杂的砂砾岩朵体沉积为特征，这种砂砾岩朵体在横向和纵向上相互叠置，靠地震、测井分析进行砂砾岩体沉积期次划分的难度非常大。

在砂砾岩体沉积期次的研究中，应特别注意对砂砾岩朵体叠覆沉积特点的研究。在厚层砂砾岩沉积体中，存在多种界面，如沉积期次界面、重力流朵体界面等(图 6-1)。多种界面的出现，导致砂砾岩体沉积期次划分中要特别注意：如何区分某一界面属于期次界面还是朵体间界面；如何判断深度相似的砂砾岩体是否为同一期次；不同沉积期次的出现有无规律可循，若有规律可循，是否可以通过测井分析获得该规律；如何建立不同期次的测井识别标志；在不能进行连续地质界面分析的条件下，如何依赖测井进行沉积期次的识别。

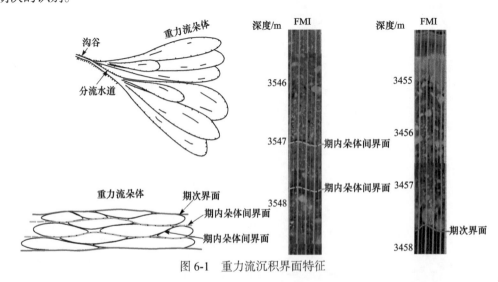

图 6-1　重力流沉积界面特征

依靠岩心、成像测井的层序分析可以实现期次界面与朵体间界面的识别。期次底部界面以粗碎屑流或浊流侵蚀泥岩或砂岩为特征，朵体间界面以浊流侵蚀砂岩和泥岩为特征(李存磊等，2011)。

二、重力流期次划分方法研究现状

自 20 世纪 90 年代以来，砂砾岩体的沉积期次精细划分得到了广大勘探工作者和研究人员的广泛重视，砂砾岩体油气勘探取得了长足进展。对于砂砾岩体期次划分的研究，也提出了基于地震、测井、岩心等数据的多种分析技术，获得了许多新的认识。但是由于传统的砂岩油藏地层划分对比的方法不太适用，以及地震资料的分辨率较低，砂砾岩体沉积期次划分对比已成为制约砂砾岩油气藏勘探开发的瓶颈之一。现有的研究砂砾岩体期次划分、油藏精细描述的技术方法主要有以下几种。

(一) 自然伽马能谱测井

自然伽马能谱测井除提供标准的伽马信息外，还提供了三种测量，这些测量用于评价地层的三种天然放射性：^{232}Th、^{238}U、^{40}K。由于各种地质作用，自然伽马能谱测井测量的 U、Th、K 发生分离、迁移，并选择性地沉积。这种放射性含量变化突出表现为在地层中 U 含量、Th 含量、K 含量以及 Th/K、Th/U 测井曲线明显变化，纵向上都显示为三分(从上向下)。具体表现为 U 和 Th 为低—高—低，K 为高—低—高，与其他测井曲线(如电阻率测井曲线)响应的变化一致。

利用自然伽马能谱测井的测量值，结合岩心化验分析资料及地质资料可定量计算地层中的泥质含量、黏土矿物含量，定性判断地层高自然伽马储层、裂缝、沉积环境等特性。因此可采用以自然伽马能谱测量比值的组合交会为基础的测井特征比值参数法来研究地层的沉积特性，并建立自然伽马能谱测井的地层划分模式。

(二) 地震旋回处理方法

通过时频分析确定层序界面以及准层序组以上层序单元，结合测井信息标定准层序和岩层组层序单元，划分对比时遵循等时性原则，选择追踪规模最大、间断持续时间最长的层序界面原则和统一性原则，以取心资料为基础，通过过井地震测线的层序体旋回处理，将目的层划分为层序、准层序组、准层序。

但是时频分析技术依赖于地震信号的分辨率，对深层及复杂岩性的砂砾岩体的分辨率很低，因此常常无法精细准确地划分储层。

(三) 波阻抗反演技术

波阻抗反演技术是 20 世纪 70 年代初在国外兴起的以岩性油气藏为主要研究对象的地震勘探技术，在 80 年代中期引入中国后取得了迅速的发展，并得到了广泛的应用。但是波阻抗反演种类很多，在砂砾岩扇体勘探过程中，通过综合分析对比，针对扇体描述有重点地引入了 GLOG 预测分析、测井约束地震反演等技术。

(1) GLOG 预测分析技术。最大的特点是可以得到反映速度变化的剖面，扇体与围岩速度差异大，经过 GLOG 标定扇体，甚至能对砂砾岩扇体小旋回单体进行精细标定和几何形态描述。

(2) 测井约束地震反演技术。测井约束地震反演是一种基于模型的波阻抗反演技术。这种方法利用测井资料，以地震解释的层位为控制，从井点出发进行外推内插，形成初始波阻抗模型；然后利用共轭梯度法，对初始波阻抗模型不断进行更新，建立模型的合成记录最佳逼近于实际地震记录，此时的波阻抗模型便是反演结果。

该技术明显存在不足之处：一是测井约束过强，地震控制作用过小，容易造成假象；二是测井与井旁地震道匹配过程中，仍然采取的是整体漂移校正，未考虑速度差异，这就降低了层位标定的可靠性。因此对于非均质性强的砂砾岩体而言，怎样给出合适的约束条件，正确建立反映地层变化的初始波阻抗模型，还有待进一步研究。

(四) 多参数分析技术

在三维地震资料中蕴含着丰富的地震信息，这些地震信息(振幅、频率、速度、频谱等)是地层结构、储层物性、含油性等的综合反映，因此利用地震资料研究各种地震属性特征，可以获得地下地质体的类型、储层物性、性能、含油性等的变化规律。但是对于复杂的砂砾岩体来说，其非均质性强，某种参数差异较大等特点，会引起地震信息的复杂变化。因此，怎样在众多的地震参数中，确定能够较好地反映地下地质体储层特征、含油性等的参数，是这项技术的关键所在。

在实际勘探工作中，对重点探井已知目的层进行各种参数分析，以确定出哪些主要参数对储层特征、含油性等影响最大是可取的一种方法。然后再用这些参数对成因相似、类型相同的探井、扇体进行综合分析预测，并根据经验再进行参数选取、舍弃。在近几年砂砾岩体勘探过程中，通过对各种参数的分析对比，确定瞬时振幅、瞬时频率及方差，并对其进行加权、求导，得出的 6 种主要参数对砂砾岩扇体的储层预测及含油性具有较好的反映，可以作为扇体储层、含油性预测的主要参数。

提取各种相应地震参数并分析后可以看出，尽管储层与单一的地震参数有一定的相关性，但表现的规律不强，各种参数均不能较好地定量预测储层、含油性等。但其集合往往具有更强的相关性，这也是在实际工作中应用人工神经网络技术进行综合预测的基础。人工神经网络技术实质上是通过网络的形式，寻求多变量的函数关系，以达到预测储层和含油性等的目的。通过提取的 6 种主要参数，利用人工神经网络技术进行综合分析、预测，并根据经验对参数提取及优化，可以取得较好的效果。

(五) 小波变换沉积旋回划分技术

小波变换是一种新的数学理论和方法，它是在傅里叶变换的基础上发展起来的，其基本思想是将信号在小波函数系拓展成的空间上进行分解，从而得到信号在不同时间-频率空间(严格地说是时间-尺度空间)上的投影，它克服了傅里叶变换时域分辨率差的缺点，在时域和频域同时具有较好的局部化特性，因而特别适合于处理时变信号。

将小波变换时频分析应用于油气勘探领域始于 20 世纪 90 年代，最初主要用于薄互层地层的储层预测，并研究了以砂泥岩为主的薄互层的时频响应特征。后来进一步应用于沉积学和层序地层学研究中，其应用主要包括三个方面。

(1) 沉积旋回划分，尤其适用于岩性单一的厚层的砂砾岩体或泥岩、油页岩地层中沉积旋回的划分。对于传统生物或地震手段都难以较好解决的断陷湖盆陡坡带大套砂砾岩体沉积内部沉积旋回的划分和期次的识别，有很好的应用效果。

(2) 层序地层分析。在沉积旋回划分的基础上，进行不同级别旋回的组合识别，结合地震层序划分结果，实现复杂岩性发育带层序地层划分和对比分析。

(3) 基准面恢复。利用小波变换的高频成分，可以进行基准面初步分析，辅以构造沉降曲线，实现基准面的恢复，并将其应用于层序地层划分、层序级别确定、井间层序对比和盆地的构造、沉积演化史分析。同时，引用复合基准面的概念可用以解释、预测砂砾岩体发育层位，指导砂砾岩油气勘探。

由于自然伽马(GR)曲线和声波时差(AC)曲线对于三级层序等沉积旋回的变化有较好的响应，可以对 GR 曲线和 AC 曲线进行小波变换分析。通过 GR 或 AC 小波变换分析，大大提高了沉积旋回的识别精度，旋回特征明显的地层单元通过肉眼就可以准确判断。基于 GR 等测井信号的小波变换分析对单井沉积旋回划分具有较广泛的实用性，较好地解决了砂砾岩体沉积旋回划分困难的难题，对砂砾岩体内部结构的研究提供了重要的技术支持。

第二节　基于沉积相反演的砂砾岩体期次划分

以东营凹陷北坡盐家-永安地区为例，针对砂砾岩储层沉积特征复杂，期次界面不清的特点，采用岩心和 FMI 等资料做沉积相垂向演化分析，从沉积层序着手，识别和分析各期次界面特征，以此精细划分砂砾岩体沉积期次。同时进行沉积层序的横向对比，以约束井间多期叠置的厚层砂砾岩体沉积期次变化问题。

用岩心对成像测井资料进行刻度，建立成像测井模式，并精确地识别出鲍马序列、高密度浊流序列和中扇辫状水道及外扇泥岩等微相层序，建立了全层位的成像测井的单井相层序，通过沉积相层序分析进行单井沉积期次精细划分。用成像测井单井相层序标定常规测井曲线，将岩心、成像测井与常规测井的层序界面识别标志有机结合并以相带展布规律作为约束，在由上升半旋回控制的长期旋回内采取由上而下的"递推对比法"和从高级到低级的"层次对比法"进行连井旋回对比，在一定程度上解决了平面相变问题(李存磊等，2011)。

一、沉积体系分析

从构造特征和古地貌形态看，盐家-永安地区在沙四段上亚段沉积早期处于半深湖-深湖环境，主要发育近岸水下扇沉积体系。沉积晚期，碎屑物质在古冲沟内经历了较远距离的水下搬运，不具备形成近岸水下扇的地理条件。同时从沉积物特征看，沙四段上亚段下部以厚层角砾岩为主，到上部磨圆度相对变好，并出现较为稳定的泥岩层。通过对古地貌的分析和岩心的详细观察描述，在沙四段上亚段上部提出了具有沟谷供给水道的冲沟-深水扇沉积模式。该模式下的砂砾岩沉积物通过沟谷搬运到断陷湖盆陡坡带距岸线较远的深水区沉积，从而区别于近岸水下扇的近岸沉积特征和远岸水下扇的缓坡沉积特征。

冲沟-深水扇相带划分与近岸水下扇类似，可划分为内扇、中扇和外扇三个亚相带。内扇主要为沟谷水道充填沉积，发育一条或几条主要水道，主要由杂基支撑的砾岩、碎屑支撑的砾岩和砂砾岩夹泥岩组成。碎屑支撑的砾岩多为高密度浊流沉积产物，单一序列由下往上由反递变 R_2 段和正递变 R_3 段组成。中扇为辫状水道区，是扇的主体。以砾质高密度浊流沉积为特色，常见序列以 $R_2R_3S_1$、$S_2R_2S_1$ 和鲍马序列为特征。外扇为深灰色泥岩夹中-薄层砂岩，砂层以低密度浊流 Tbcd 段沉积为主。研究区自下而上表现为内扇—中扇—外扇沉积，构成向上变细变薄的垂向层序(图 6-2)。

沉积体系精细研究表明，研究区沙四段上亚段为一水进过程，沉积初期，在洪水期大量碎屑物质沟谷供给并首先充填古地貌残存的沟、槽，随着沟、槽的填充，之后沉积则以大面积砂砾岩舌状体叠覆的形式出现，舌状体之间缺少泥岩沉积，界限不明显。研究区重力流的触发机制主要是堆积过甚，洪水期超大规模的碎屑物质供应形成了研究区巨厚的砂砾岩层。

二、成像测井相序分析

砂砾岩体岩性粗，分选差，成层性差，大多属于事件性沉积，为多期扇体上下交互叠置而成的多旋回复合体，其包络面是一个穿时的岩性界面，并不能反映每一期砂砾岩体的形态，缺乏稳定的泥岩隔层及全区可有效追踪对比的稳定泥岩层，层界面电测响应不明显。采用常规的旋回划分方法所确定的层序不能很好地适用于油田的开发。

随着砂砾岩油藏勘探开发的深入，对于砂砾岩体期次的精细划分、对比精度要求更高，地震资料的精度已很难满足生产要求，一般只能大致圈定最大级次的旋回。针对砂砾岩油藏的特殊性，我们以岩心和成像测井资料进行刻度及对比分析，建立成像测井模式与岩心相之间的对应关系；同时用岩心标定常规测井曲线，赋予测井曲线沉积学的意义。将岩心、成像测井与常规测井的层序界面识别标志有机结合，建立成像测井沉积微相层序，辨认出地层的叠加样式，在单井中划分出不同级次的基准面旋回。

FMI 是利用一定方式密集排列组合的电性传感器阵列测量井壁附近地层电导率。FMI 测井仪一次下井测量可采集 192 条微电阻率曲线，并经数据成像处理后可以得到视觉直观的井壁图像，因而在揭示岩层岩性、沉积构造、沉积韵律性等方面比常规测井曲线方式更精确、更直观。与常规测井相比，具有以下突出优势。

(1)成像测井可以提供完整的地层岩性剖面，并且测量结果具有方向性。实际工作中，不可能进行大量长井段连续的钻井取心，而成像测井在一定程度上可替代钻井取心。

(2)利用成像测井可以直接对层理、沉积粒序、薄互层等沉积结构特征进行识别，依据沉积特征分析沉积环境，寻找有利相带。

研究区共有盐 22-22、永 920、永 928、永 930 等井使用了 FMI。针对研究区砂砾岩油藏的沉积特征，以高分辨率层序地层学为理论指导，利用成像测井与岩心、录井、常

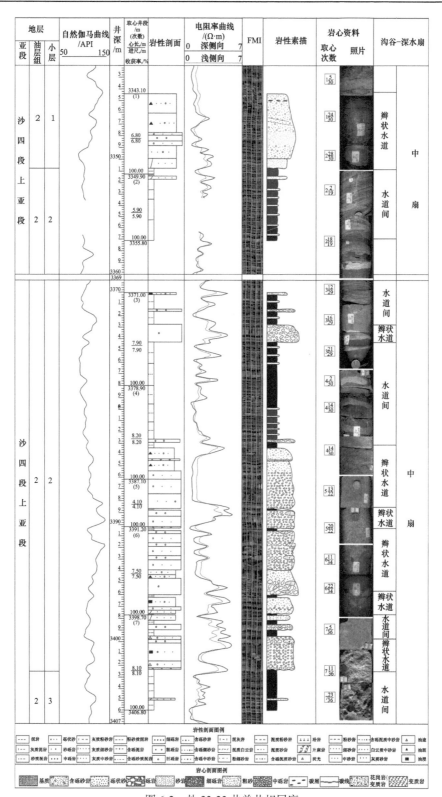

图 6-2　盐 22-22 井单井相层序

规测井资料相结合，识别岩性及内部沉积构造特征，根据古水流方向、地层倾角的变化，建立取心段的岩心描述与成像测井的对应关系，通过对成像测井进行沉积相层序分析，建立成像测井沉积相层序模式，进而对沙四段上亚段沉积期次进行了精细的划分。

根据详细的岩心观察描述与成像测井的对比分析，建立了盐 22-22 井的成像测井沉积微相层序。第 1 次、第 2 次取心主要发育中厚层含砾砂岩、砾岩，夹高阻灰质细砂岩与泥岩。整体为向上变深的层序特征，从下到上，岩性为无粒序的夹有花岗岩大砾石的中砾岩、巨砾岩-具正递变的细砾岩-具正递变的含砾砂岩。从成像测井上看，中扇辫状水道底部对应的成像测井电成像图呈亮斑状模式，静态图像呈黄色、黄褐色，可见清晰的砾石结构，颗粒接触或杂基支撑。向上演变为粒序层理的砂砾岩，动态加强图像为黄色、褐黄色，颜色相对变暗，高亮斑点减少。层序顶部成像测井动态加强图像呈现暗色条带与黄色条带交错的模式，亮度低，层理明显(图 6-4)。

三、沉积层序对测井曲线标定

常规测井曲线在砂砾岩体期次划分中的关键问题是砂砾岩岩性变化不明显而常规测井曲线特征不明显。本书借助取心和成像测井建立全层位的单井相层序，对沉积旋回进行精细划分，并以此标定常规测井曲线，找出相层序变化与测井曲线的对应关系。

通过对比分析，在测井曲线上识别出水道底部侵蚀面、湖泛面以及泥岩标志层。水道侵蚀面分为两类，Ⅰ类是底部与泥岩突变接触，声波时差曲线呈现低值段向高值段的突变并在突变面处出现尖峰、自然电位曲线呈箱状、2.5m 电阻率曲线出现尖峰，此类型在沙四段上亚段中上部较为明显，较易识别(图 6-3)；研究区沙四段上亚段中下部多为巨厚的水道叠合沉积，缺少泥岩夹层。Ⅱ类水道底部侵蚀面曲线特征为自然电位曲线正向偏移，声波时差和 2.5m 电阻率曲线均出现尖峰(图 6-4)。湖泛面则以湖相泥岩的出现为标志，自然电位平直。泥岩标志层则表现为高自然电位、高自然伽马、高声波时差及低密度的"三高一低"特点，在剖面中易于识别。

四、层序界面特征与识别

单井旋回精细划分是沉积期次精细划分和对比的基础。以取心资料和成像测井单井层序建立全层位的单井相层序，精细识别旋回界面的顶底关系，并以此划分沉积期次(李存磊等，2014)。

(一)层序界面的识别标志

高分辨率等时地层对比以多级次基准面为参照面，其关键是识别地层记录中代表了多级基准面旋回的地层旋回。根据基准面旋回和可容纳空间变化原理，地层的旋回性是基准面相对于地表位置变化产生的沉积作用、侵蚀作用、沉积物路过时的非沉积作用和沉积欠补偿造成的饥饿性沉积乃至非沉积作用随时间的变化发生空间迁移的地层记录，不同级次的地层旋回记录了相应级次的基准面旋回。因而，每一级次的地层旋回内必然存在着能反映相应级次基准面旋回所经历的时间中 A/S 值变化的"痕迹"，以露头、钻井、测井和地震资料为基础，根据这些"痕迹"识别基准面旋回是高分辨率层序划分和对比的基础。

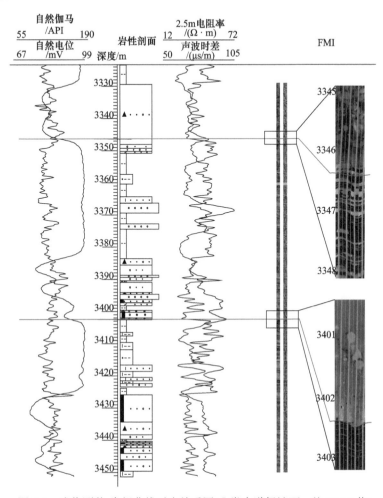

图 6-3　成像测井-常规曲线对应关系图(Ⅰ类水道侵蚀面，盐 22-22 井)

　　高分辨率层序地层对比正是根据基准面旋回及其可容纳空间的变化导致岩石记录这些地层学和沉积学相应的过程——响应动力学原理进行的，因而高分辨率层序地层对比不是岩石类型和旋回幅度(地层厚度)的对比，而是时间地层单元的对比。有时是岩石与岩石的对比，有时是岩石与界面或界面与界面的对比。高分辨率层序地层对比的关键是识别地层记录中代表多级次基准面旋回的地层旋回。根据地层旋回特征，可以将基准面旋回划分为超短期、短期、中期、长期、超长期等不同级次的旋回。

　　短期旋回或较长期旋回的识别都是通过 A/S 值变化的趋势分析进行的。短期旋回中 A/S 值的变化趋势可以通过能指示沉积物形成时的水深、沉积物保存程度的相序、相组合和相分异作用进行。较长期旋回中 A/S 值的变化趋势可以通过短期旋回的叠加样式、旋回的对称程度变化、旋回加厚或变薄的趋势和地层不连续界面性质及界面出现的频率、岩石与界面出现的位置和比例等来实现。

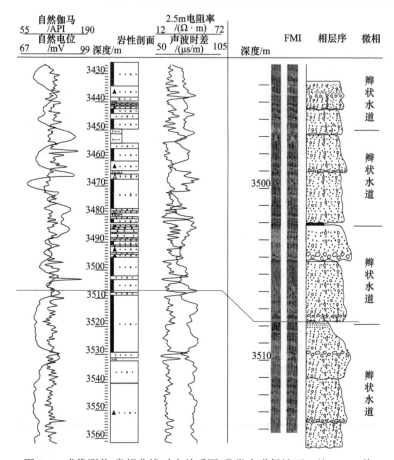

图 6-4　成像测井-常规曲线对应关系图(Ⅱ类水道侵蚀面,盐 22-22 井)

层序地层界面识别主要是根据地震、露头、岩心、钻井、测井和古生物等资料的特征来识别,这些识别标志以地震反射界面标志、岩心和岩相标志、测井相标志最为可靠和最具可操作性,也是进行陆相断陷盆地层序识别和层序划分的主要标志。

露头、岩心资料通常是识别短期旋回的基础。测井曲线分析是通过短期旋回的叠加样式分析识别较长期基准面旋回的最好手段。地震资料除了可以通过反射终端的性质分析识别三级层序界面外,精细井-震标定后的地震剖面还可以在三级层序内部进一步识别较高级次的基准面旋回。多级次基准面识别与划分是高分辨率地层格架建立的基础,而高分辨率地层格架建立的最终目的是将钻井、测井中的一维信息变为对三维地层关系的预测。

1. 层序界面的地震识别标志

依据Ⅲ级界面所限定的充填体具区域性湖进-湖退的地层旋回性所划分的长期旋回层序,主要受同一构造演化阶段或亚阶段控制。由次级构造作用强度及活动方式的长周期变化所影响的基准面升降作用控制,层序的时限跨度较长。因而将其定格为相当于 Vail Ⅲ级层序的级别。就研究区而言,以构造不整合面、大型侵蚀冲刷面和岩性突变面为界。一个长期基准面旋回层序代表一次大规模的区域性湖进-湖退沉积旋回,沉积厚度为数百米级，大多由数个中期旋回叠加组成。与中、短期旋回层序不同的是，长期旋回层序的发育和结构类型主要受沉积盆地的构造背景条件控制。

在陡坡边缘地带，区域性不整合面较多，层序界面的识别标志比较明显，地震反射特征多为强振幅、低反射频率，强连续。在地震剖面中反映地层不协调关系的地震反射终止方式有削蚀、削截与上超，可代表区域性的侵蚀间断或无沉积型的间断。其中削蚀、削截是指原始倾斜的地层在水平方向上的角度交切，其成因与构造隆升、周期性暴露或受低位期河流影响有关。在盆地或凹陷边缘能够识别出局部削截、上超、下超、下切谷等标志，地震上表现为上超至不整合关系。

根据研究区沙四段上亚段沉积层序的演化特征，采用上述层序边界的识别原理和方法，结合前人对东营凹陷整体层序划分研究成果，对典型地震剖面以沙三段—沙四段为研究目标进行了层序边界的识别与闭合，进而进行了地震层序的划分。沙四段上亚段和沙三段下亚段地层在盐家地区顶部被削截，沙四段上亚段的顶底分别对应着 T_6' 和 T_7' 地震反射界面，将整个沙四段上亚段划分为一个Ⅲ级层序(图 6-5，图 6-6)。

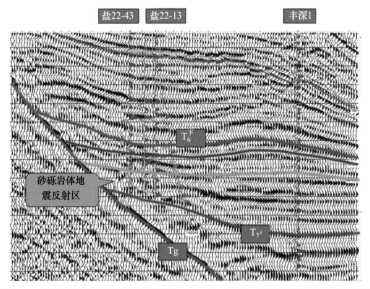

图 6-5　盐家-永安地区三维地震盐 22-43 井-丰深 1 井连井地震层序界面图

三维地震剖面详细的层序追踪和构造解释揭示，在盆地古近系构造层序中，沙四段上亚段的顶界面在地震剖面上对应于 T_6' 反射标志层。该界面与 T_6 界面相伴而生，其间往往可能只发育一个同相轴或不发育。T_6' 反射标志层在全区为一组强振幅反射同相轴，连续性好，可以进行全区追踪的区域性不整合面。在盆地边缘方向，该界面之下沙四段的同相轴被明显削截，角度不整合表现为两组或两组以上视速度有明显差异的反射波同时存在，这些波沿水平方向逐渐靠拢合并，不整合面之下的反射波相位依次被界面之上的反射波相位代替，以致形成不整合面以下的地层尖灭。而界面之上的沙三段下亚段的同相轴则显示明显的上超结构。界面上下的地层以较大的交角相交。T_6' 反射标志层在测井剖面上为厚层泥岩、油页岩发育段，比较容易识别，常表现为其上为相对高的自然电

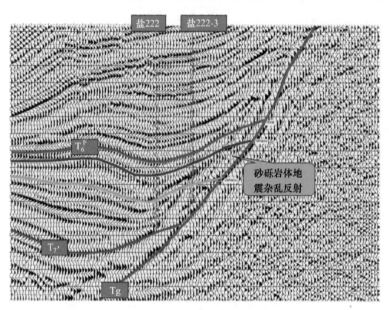

图 6-6　盐家-永安地区三维地震盐 222 井-盐 222-3 井连井地震层序界面图

位基值和高的电阻率基值，界面之下则相反，是界面上下地层岩性、岩相的差异性和压实作用不一致造成的，代表较大的沉积间断。

T_7 反射标志层是沙四段上亚段纯上与纯下段的分界，强振幅，连续性好，在研究区内为初次湖泛面。

沙四段上亚段的底界面在地震剖面上对应的是 T_7' 反射标志层，T_7' 反射标志层在全区为一组波峰，弱反射，连续性一般，基本可以追踪，为一个不整合面或与之对应的整合面，局部可见界面之下有削截反射，说明存在局部不整合，这是由于沙四段下亚段沉积部分抬升剥蚀形成的；总体上以界面之上普遍的上超反射为特征。沙四段下亚段上部发育盐岩，在地震上为强相位反射，连续性好。

2. 湖泛面识别

湖泛面指基准面上升达高点位置时由湖泛作用形成的弱补偿或欠补偿沉积界面，不同级别的基准面旋回中均可发育湖泛面。在长期基准面旋回中，湖泛面一般位于层序的内部，成因与基准面大幅度上升达最高点位置后，出现区域性的欠补偿或无沉积作用有关，在区域地层对比上，具有极其重要的等时对比意义。识别短期和中期基准面旋回中的湖泛面产出位置及其沉积学意义，对确定旋回的结构类型和分析旋回的叠加样式至关重要，也是在油田范围内对砂层组和小层砂体进行追踪和等时对比的重要线索。

在短期和中期基准面旋回中，湖泛面可位于层序的顶部与顶界面重合，甚至缺失湖泛面，但更多的是位于层序内部并将层序分隔成基准面上升和下降两个半旋回。在前一种情况中，湖泛面往往逼近或与基准面下降侵蚀形成的冲刷面重合，成因与基准面上升期处于过补偿沉积充填状态，当基准面一旦进入下降期即处于暴露和下切侵蚀作用为主的地层过程有关，因而不仅湖泛期沉积物很难得到较完整的保存，而且上升半旋回的中、上部沉积物因受到下切的侵蚀作用影响保存也不完全，从而导致湖泛面与下移的层序顶部冲刷面逼近或重合，甚至层序的顶界面穿越湖泛面造成后者缺失。在后一种情况中，湖泛面位于基准面上升达高点位置后折向下降的转换点位置，为连续沉积的整合界面。

上述发育于不同级别基准面旋回中的湖泛面在常规地震剖面中较难识别，特别是中期和短期旋回层序的厚度因低于或远低于二维或常规三维地震剖面所能描述的地层厚度下限而难以识别。在长期基准面旋回中，又因最大湖泛面主要出现在大套泥岩的连续沉积过程中，常表现为空白反射或一系列具平行-亚平行、中-强振幅、中-高连续、低-高频反射波组，因而要确定其具体发育位置也较困难。然而不同级别基准面旋回中的湖泛面在测井曲线和岩心中识别标志较清晰。在测井曲线上，均表现为测井曲线单向或脉动性移动达低幅极限位置后折向幅度增高的转换面，对应的电性特征为低电阻、低电位和高伽马、高声波时差。在岩心中表现为向上变细加深沉积序列顶部的泥岩段(中期、短期旋回层序)或位于大套的纯泥岩段的中部(长期旋回层序)。最大湖泛面一般分布广，富含有机质和湖相泥岩，往往是由较深水环境下沉积的、质纯色暗的、富含有机质和古生物化石的、广泛分布的薄层沉积物组成。

湖泛泥岩显示高自然伽马、高自然电位、高声波时差的特征，感应曲线和侧向曲线则表现为明显的齿状变化；在地震剖面上对应于 T_7 反射标志层，波峰高，强振幅，连续性好，具不整合面或沉积间断面的性质，局部地区可以见到对下伏地层的削截现象，一般具有中频、中振幅、中等连续的反射特征，基本可以追踪，为基准面下降到上升的转换面。研究区最大湖泛面位于沙四段上亚段的顶界，在地震剖面上对应于 T_6' 反射标志层。

3. 岩心(露头)界面的识别

由于岩心(露头)剖面具有很高的分辨率，是高级次基准面旋回识别的基础。因此根据岩石相组合内部所记录的基准面变化信息，首先识别基准面旋回的转换点，其次在层序内部通过岩石序列中水深变化或沉积地貌的保存程度或沉积物被侵蚀的趋势来确定层序形成过程中基准面的变化方向。通过对研究区取心井的详细观察和描述，在沙四段上亚段中可以识别出 4 种岩心界面。

1) 冲刷侵蚀面

反映了基准面下降到最低位置后上升过程的开始。在研究区取心井岩心中常见到起伏不平、上有滞留沉积的冲刷面，为近岸水下扇河道底部的沉积特征。一般为较强水流流经尚未固结的沉积物表面时，对下伏沉积物侵蚀冲刷而形成的凹凸不平的面，冲刷面上可见大量再沉积的砾石[图 6-7(b)]。

2) 岩相类型或相组合的转换面

反映了可容纳空间与沉积物供给即 A/S 值的变化。研究区主要为泥岩与砂砾岩的突变界面，如水体逐渐变浅的相序或相组合(泥岩-细砂岩-粗砂岩-含砾砂岩)变为水体向上变深的相序或相组合(含砾砂岩-粗砂岩-细砂岩-泥岩)的转换面，说明了 A/S 值由减小到增大，基准面由下降到上升的转换面，反之亦然。此类界面在研究区很普遍[图 6-7(a)]。

3) 岩石相内部的层理变化界面

反映沉积物形成过程中水动力条件的变化，如槽状交错层理-平行层理-沙纹层理-波状层理，反映了一个水体逐渐变深、可容纳空间逐渐增大的退积旋回。因此，可利用层理构造变化特点来反映基准面的升降变化。一般反映水动力条件减弱、水体变深的层序，可作为基准面上升旋回；而反映水动力条件增强、水体变浅的层序，则作为基准面下降旋回。此类界面在研究区也很普遍。

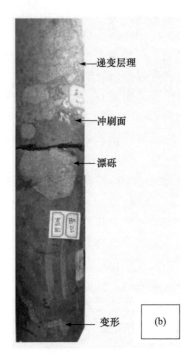

→ 递变层理

→ 冲刷面

→ 漂砾

→ 变形

图 6-7 岩心界面的识别

(a) 盐 22-22 井岩性突变面识别标志；(b) 盐 222 井冲刷侵蚀面识别标志

4) 砂岩、泥岩厚度旋回性变化界面

反映了水动力条件的增大或减小，通过砂岩、泥岩厚度旋回性变化，反映基准面的升降变化。在砂岩、泥岩互层的剖面中，砂岩厚度有规律地增加或减少。砂岩厚度减小，泥岩厚度增加，反映了基准面上升，水动力条件减弱的特点；砂岩厚度增大，泥岩厚度减小，则反映了基准面下降，水动力条件增强的特点。

4. 测井、成像测井界面的识别

在测井曲线上，能识别出侵蚀面和湖泛面以及泥岩标志层。侵蚀面一般处于砂岩的底部，从砂岩与下伏地层的突变接触关系来判断它的存在，一般位于箱状自然电位曲线的底部。而湖泛面则以湖相泥岩的出现为标志，自然电位平直。泥岩标志层表现为高自然电位、高自然伽马、高声波时差及低密度的"三高一低"特点，在剖面中易于识别。侵蚀面是基准面下降与上升的转换界面，是层序的界面；而湖泛面则是基准面上升与下降的转换位置，为层序内部的界面。研究区沙四段上亚段内部次一级层序界面常位于反映加积的箱状或退积的正旋回钟形自然电位曲线或电阻率曲线的底部，界面之上常发育较大型水道砂体，界面之下发育高自然伽马的泥岩。

成像测井界面的识别是基于 FMI 单井相层序的，各层序界面的识别特征极为明显，不再赘述。

(二) 基准面旋回的识别

通过对研究区沙四段上亚段地区的地震剖面、取心井岩心的观察描述、测井曲线的分析和测井沉积层序的详细描述，研究区沙四段上亚段主要发育三个级别的基准面旋回层序，即短期基准面旋回层序、中期基准面旋回层序和长期基准面旋回层序。

1. 短期基准面旋回的识别

短期基准面旋回层序(简称 SSC)是根据地表露头、岩心和测井曲线等实际资料划分的基本成因地层单元，该级别的层序相当于经典层序地层学理论中的准层序组，以Ⅴ级界面为界，层序的时间周期较短，与 Vail 的Ⅴ级层序或准层序时限相当，是以小规模韵律性湖进面或侵蚀冲刷面及与其可对比的整合面为边界的、彼此间具成因联系的若干单一岩性层或多个岩性韵律层叠加组合而成。层序的底、顶界面为短期基准面下降达低点位置时发育的小型冲刷面或间歇暴露面，也可以是基准面上升期或下降期由欠补偿或无沉积作用形成的间断面，或者是整合界面。控制层序发育的基准面升降分别与天文因素中的偏心率短周期和岁差周期引起的气候波动和物源供给有关。由不同成因特征的边界所限定的短期基准面旋回层序的结构及其所反映的沉积动力学条件明显不同，在研究区主要发育如下三种基本类型。

1) 向上"变深"的非对称型短期基准面旋回层序(A 型)

向上"变深"的非对称型短期基准面旋回层序是研究区最发育的短期基准面旋回层序，特别是在盐 22 井、永 920 井近岸水下扇内扇、中扇亚相沉积区。一般形成于较长期基准面上升半旋回的下部，代表可容纳空间逐渐增大，沉积物退积的过程。主要发育于距物源区较近地区或物源供给较充分 A/S<1 的条件下，以保存上升半旋回沉积记录为主，下降半旋回则表现为冲刷缺失或无沉积间断。层序的底界面为冲刷面或整合界面，向上发育沙纹层理粉砂岩相、灰黑色泥岩相，或表现为沉积物粒度逐渐减小、砂岩单层厚度逐渐减小等显示水体变深的特点，沉积序列显示向上"变深"的上升半旋回结构。测井曲线与岩性变化特征相似，表现为自然伽马值升高，反映泥岩增多，同样体现了伴随基准面上升和可容纳空间增大，由进积向加积、退积转化的地层响应过程。另外，在砂岩底部，可见自然伽马曲线突变，反映了冲刷侵蚀面的存在。按上升半旋回岩性组成特征和保存状况，可细分为低可容纳空间和高可容纳空间两个亚类型，此两亚类的区别在于后者在上升半旋回晚期的细粒沉积得到较好保存(图 6-8)。

低可容纳空间向上"变深"的非对称型短期基准面旋回层序(A1 型)：由岩性组合较单一的砂质砾岩、砂岩组成，发育向上略趋变细"加深"的沉积序列，以保存水道化砂体的主体部分为主，在岩心上可见明显的叠覆冲刷现象。

高可容纳空间向上"变深"的非对称型短期基准面旋回层序(A2 型)：岩性组合相对较复杂，由含砾砂岩、砂岩、粉砂岩和泥岩有序叠加组成，发育向上连续变细"加深"的沉积序列，与 A1 型相比，不仅水道化砂体保存完整，而且位于砂体上部细粒的沉积往往得到不同程度的保存。

2) 向上"变浅"的非对称型短期基准面旋回层序(B 型)

层序中以出现下降半旋回的沉积记录为主，上升半旋回表现为欠补偿沉积的饥饿面或无沉积作用的间断面，以向上发育变粗的沉积序列来显示向上变浅的下降半旋回结构。主要发育于距物源供给区相对较远的地区，但供给量逐渐增大，A/S 由大于 1 向小于 1 递减。基准面下降，湖相泥岩向上演变为粉砂岩、细砂岩、含砾砂岩、砾岩等。单个砂体具有粒度向上变粗的反韵律性，或由泥岩与粉砂岩的韵律薄层逐渐过渡为含砾砂岩或细砾岩，显示伴随基准面下降和可容纳空间减少，沉积物增多、变粗，沉积速率加快，水深变浅和能量趋于增高的进积特征。在测井曲线上，曲线特征与岩性变化一致，表现为自然伽马值由高到低，反映泥岩减少。在研究区，该类层序主要发育于近岸水下扇中扇分流间微相，以及外扇亚相，由中深湖泥-席状砂-分流间构成(图 6-8)。

3) 对称型短期基准面旋回层序(C 型)

基准面上升和下降两个半旋回都有较完整的沉积记录，底、顶一般以整合界面为主，偶为弱冲刷面。主要形成于高可容纳空间背景条件下，成因与基准面上升幅度较大而下降幅度较小，以及沉积速率始终处在小于可容纳空间增长率，即 A/S>1 的状态有关。层序为由进积(或加积)→退积→加积(或进积)，形成由粗变细复变粗的对称型沉积序列。岩性组合和测井曲线上都表现出一定的相似性和近似的砂泥岩比值变化趋势。以位于层序中的退积向加积转化的面为对称轴或湖泛面，将层序分隔为上升与下降两个半旋回。按上升半旋回和下降半旋回中保存的地层厚度可进一步细分为三个亚类型：上升半旋回大于下降半旋回型、下降半旋回大于上升半旋回型的两种不完全对称型，以及两个半旋回近于相等的完全对称型(图 6-8)。

2. 中期基准面旋回的识别

Ⅳ级中期旋回层序属Ⅲ级长期旋回层序中的次一级湖进-湖退旋回产物，发育于区域性湖进或湖退过程中，大多数具有较完整的旋回结构。一个较完整的中期基准面旋回层序由数个短期旋回层序按一定的方式叠置组成。层序的发育主要受构造、气候和物源供给多种因素共同控制，成因上属于区域性湖进-湖退旋回中的次级旋回。盆地边缘发育的此类旋回中，大多发育有间歇暴露面，较大规模的侵蚀冲刷面和岩性突变面，盆内则以相关整合面为主。层序的时限跨度相对较短，变化不大，因而可与 Vail 的Ⅳ级旋回或沉积相体系域相对比。中期基准面旋回的识别是在短期基准面旋回识别的基础上完成的，对短期基准面旋回进行组合，形成不同的地层叠加样式，确定不同叠加样式的顶、底界面，作为中期旋回转换面的位置。

在研究区常规测井曲线上，地层叠加样式的判定主要依据自然伽马值、自然电位值的变化及垂向上的相组合、相替代变化特点。自然伽马值与泥质含量和粒度中值呈正相关，当自然伽马值减小时，反映泥质含量减小，粒度中值增大，反映基准面的下降，相反则反映了基准面的上升。自然伽马值向上增大，表明水体的总体加深，为一退积的地层叠加样式；自然伽马值的向上减小则意味着水体的向上变浅，形成一种进积的地层叠加样式。相替代反映了地貌要素的变化，与基准面的升降密切相关。根据研究区成像测

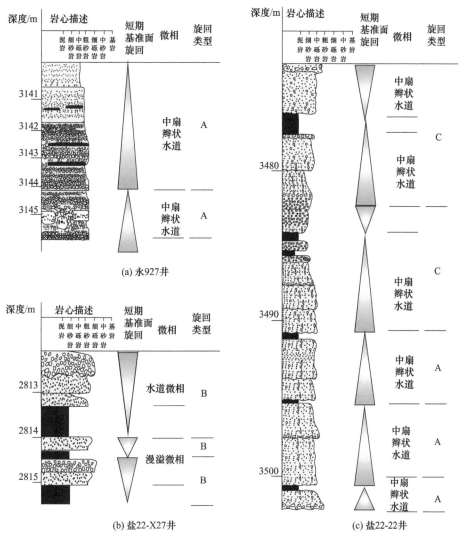

图 6-8　旋回类型图

井与岩心岩相分析，从湖相泥到席状砂到水下分流河道反映了地貌要素的向陆迁移，形成进积地层叠加样式，反映了基准面的下降；相反从水下分流河道到席状砂到湖相泥反映了地貌要素的向盆迁移，为地层退积叠加样式，反映了基准面的上升。

3. 长期基准面旋回的识别

长期基准面旋回是在沉积盆地范围内，区域基准面所经历的上升和下降过程。长期基准面旋回由下降到上升的转换位置与层序界面形成时期是一致的，在地震剖面上表现为区域分布或反映地层不协调关系的地震反射终止类型。与最大湖泛面对应的是基准面旋回由上升到下降的转换位置，它代表了可容纳空间的最大时期。

沙四段上亚段是地震反射层 T_6' 和 T_7' 之间的一套沉积层序。T_6' 反射标志层在全区为一组强振幅反射同相轴，连续性好，可以进行全区追踪的区域性不整合面。T_7' 反射标志层在全区为一组波峰，弱反射，连续性一般，基本可以追踪，为一个不整合面或与之对应的整合面。研究层段岩性主要为砾岩、砾状砂岩和含砾砂岩，夹褐灰色泥岩、灰质泥岩，一般厚 700~900m，其沉积体系以近岸水下扇和冲沟-深水扇沉积为主。

五、层序地层划分方案分析

本书研究从岩心-FMI 单井相层序的划分入手，总结出各层序地层单元及其界面在岩心、测井和地震资料中的判识标志，通过多种旋回识别手段，在细分各级基准面旋回的基础上，逐步进行研究。沉积相反演的方法可以精细地确定砂砾岩体的旋回界面，通过多口井的横向对比分析，建立了沉积期次精细划分的标准。

沉积相反演分析认为，在三级层序内，沙四段上亚段下部以厚层的近岸水下扇内扇水道与中扇水道相互叠置形成巨厚的砂砾岩体，缺少泥岩沉积层，沉积期次的界面以水道底部的 R_2R_3 层序段作为识别标志，到沙四段上亚段上部，泥岩层厚度增大，开始出现冲沟-深水扇的外扇亚相，除沙四段上亚段末期外，其间未出现大规模的湖泛面层序，因此将整个沙四段上亚段定义为一个Ⅲ级长期旋回。盐 22-22 井 FMI 单井相层序分析表明，在 3400m 处，沉积层序特征发生了变化，由大套的连续的砂砾岩沉积突变为近 8m 的泥岩沉积层，自此往上，沉积相类型也随之发生变化，由近岸水下扇沉积体系转变为冲沟-深水扇体系。

沉积相反演综合分析认为，盐家-永安地区沙四段上亚段地层划分为发育三个级别的基准面旋回层序。即Ⅴ级短期旋回层序、Ⅳ级中期旋回层序和Ⅲ级长期旋回(沙四段上亚段)层序。下面对短期旋回层序和中期旋回层序进行详细描述，重点讨论研究区发育的Ⅴ级短期旋回层序、Ⅳ级中期旋回层序的叠加样式及特征。

通过分析永 920 井 FMI 单井相层序认为，永 920 井与盐 22 井沙四段上亚段的地层旋回特征相似：MSC3 整体为向上变深的半旋回，储层主要为大套厚层含砾砂岩、细砾岩、中砾岩，泥岩夹层很少，以近岸水下扇内扇水道和中扇水道的叠覆沉积为主。MSC3 与 MSC2 的分界面为沉积相类型的转换面，沉积物由厚层无韵律砂砾岩层转变为底部见泥岩的砂砾质高密度浊流层序为主，标志层是在 MSC3 顶部有一套夹有薄层泥岩的高电阻率含砾中砂岩，在电测曲线上表现为自然电位高，声波时差、密度与电阻率呈小幅锯齿状，全区发育稳定，可作为对比标志。MSC2 整体上为向上变深的半旋回，储层主要为泥岩与中厚层砂砾岩互层，夹有高阻灰质细砂岩。MSC2 与 MSC1 的分界标志层是一套含灰质泥岩与含灰质细砂岩互层，在电测曲线上表现为声波时差、密度与电阻率呈尖峰状高值，全区发育稳定。MSC1 整体上为向上变深的半旋回，储层主要为泥岩与薄层含砾砂岩互层，向上湖相泥岩明显增多，冲刷侵蚀面发育(图 6-9)。

以高分辨率层序地层学理论为基础，以岩心-FMI 单井相分析为手段，综合测井、录井、岩心及普通测井的数学分析识别各级基准面旋回，初步将盐 22(盐 222)井、永 920 井沙四段上亚段从下到上分别划分为 3 个Ⅳ级中期基准面旋回，对应 3 个砂层组。进一步又将 MSC3 划分为 6 个短期基准面旋回，MSC2 划分为 3 个短期基准面旋回，MSC1 划分为 2 个短期基准面旋回(图 6-9)。

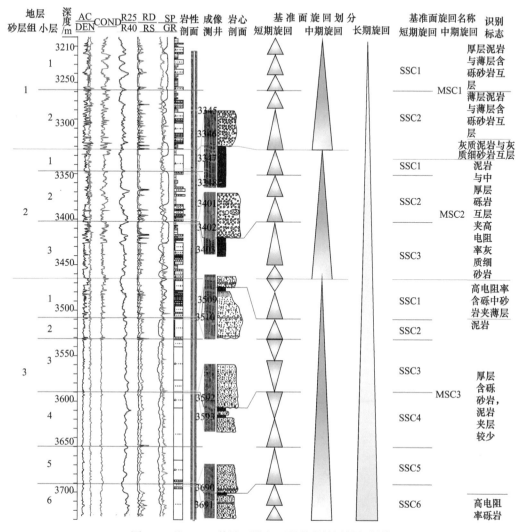

图 6-9 盐 22-22 井沙四段上亚段单井旋回精细划分

第三节 基于米兰科维奇周期的砂砾岩期次精细划分与对比

针对大套砂砾岩缺少宏观期次对比标志的特点，我们利用自然伽马曲线对古气候变化的良好记录，对自然伽马曲线进行快速傅里叶变换法(FFT)频谱分析，找出与天文周期相对应的优势旋回厚度，以此对测井资料做滤波处理，滤除测井曲线中的杂乱频率信息，增强显示曲线中蕴含的地质旋回信息。通过米兰科维奇旋回分析，并结合层序沉积相反演中确定的基准面旋回特征，确定了沙四段上亚段的地层划分方案，建立了高分辨率层序地层格架。

一、原理和方法

学术界从拒绝到承认气候旋回受天文周期驱动的概念，至少经历了半个世纪。进入21世纪，国际地层学的一个重要进展是提出天文(地质)年代表(Astronomical Time Scale)、天文年代学(Astrochronology)等概念，以及把天文学中的地球轨道要素方法作为"国际地质年表"中确定年龄的重要方法之一。

　　1982年，Einsele和Seilacher主编的文集(*Cyclic and Event Stratification*)以海相沉积物(岩)为例，讨论了沉积层的旋回性记录与事件性记录的相互关系与区别，把沉积事件分为两类，一类称为旋回沉积，另一类称为事件沉积。2001年van der Zwan通过测井数据的傅里叶变换分析了深海浊流沉积旋回与米兰科维奇尺度气候旋回的关系，将米兰科维奇理论扩展到深海事件沉积，这为米兰科维奇理论在研究事件沉积领域的应用指明了方向。

　　米兰科维奇理论在某一沉积地层中得以应用的前提是气候为沉积的主要驱动因素。对事件沉积形成的大套砂砾岩，必须分析其形成的驱动因素，只有在确定以气候为首要驱动因素后，才能应用米兰科维奇理论。

　　米兰科维奇理论认为，日照量的变化是气候旋回的控制因素，对于地球上任一纬度而言，三种日地运行轨道的变化决定了日照量的变化，日照量的周期规律可以通过计算日地运行轨道的周期性而获得。日地运行轨道参数主要有指示地球自转轴指向变化的岁差、地球自转赤道面与绕日公转黄道面交角变化的斜度和指示地球绕日公转的椭圆形轨道形态变化的偏心率。天文学家已经证明，天文周期的变化本身是相当规律的，尽管当它们作用于地球上并与地球上各种过程相互作用后会造成部分周期不全或丢失，但是大多数还能在沉积旋回中被记录下来。采用米兰科维奇理论进行湖盆地质旋回分析的理论依据是日照量的变化影响气候、降水和物源区植被的变化，造成湖平面和物源供屑的波动，从而控制中短期沉积基准面周期性变化，沉积层序有规律地发育，岩性、岩相上呈现韵律性、旋回性。

　　通过频谱分析，将优势频谱进行旋回厚度转换，可以找出其所对应的理论天文周期。这个过程极为复杂，需要多次对比分析才能建立准确的对应关系，在确定了对应关系后，便可根据多级次的优势厚度来确定地层旋回划分方案，之后按不同旋回厚度参数设计滤波器，通过对测井曲线的滤波，得出米兰科维奇旋回曲线，进行连井对比(图6-10)。

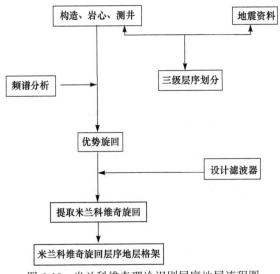

图6-10　米兰科维奇理论识别层序地层流程图

二、天文理论周期

天文地层学的主要研究内容之一是研究三个轨道要素,即偏心率(e)、黄赤交角(ε)和岁差(p)的变化对沉积环境变化的影响,并在沉积物中进行天文旋回识别。天文理论计算表明,在距今 65Ma 以来,偏心率的主要周期为 404ka、95ka、124ka、99ka、131ka、2360ka 和 1000ka;黄赤交角的主要周期为 41ka、39.6ka 和 53.6ka;岁差反映了偏心率和黄赤交角的综合影响,主要周期为 23.7ka、22.4ka 和 19ka。在 500Ma 中,黄赤交角、岁差的周期值在不断地变化,而偏心率周期值,特别是振幅最大的 404ka 周期值则变化甚少。Laskar 等于 2004 年给出的轨道偏心率变化的理论计算值,序列的采样间隔为 1ka(图 6-11)。

当前米兰科维奇旋回的研究主要是针对旋回沉积地层,而在事件沉积地层中的研究还比较少。通过分析 2002 年 van der Zwan 提出的深海浊流米兰科维奇沉积旋回,可见事件沉积是否具有旋回特征不能仅从事件沉积本身分析,而且应该分析事件的诱导因素是否具有周期性。以研究区沙四段上亚段为例,构造活动特征、古地形地貌特征和物源供应特征等共同控制了砂砾岩体的形成,可以理解为主要的三个诱导因素。假设在地质活动稳定期,古地貌形态不变的前提下,如果物源供应受到气候等因素的控制便可以来分析其是否具有周期性。

陈刚等于 2007 年通过研究东营凹陷北部陡坡带断层生长指数发现沙四段断层活动相对稳定。研究区沙四段上亚段砂砾岩体是在地质活动相对稳定时期形成的,排除了构造运动为砂砾岩体的主成因。

湖盆环境对气候的变化极为敏感,气候条件的变化将直接影响到湖盆的水量、水位及物源特征。周期性古气候的变化是沉积体系出现旋回特征的直接原因。

研究区永 921 井、盐 18 井、郝 1 井等的山地植物、旱生植物及湿生植物,以及被子典型植物分子分组的统计特征显示,研究区及其周边地区沙四段上亚段时期山地植物松科和旱生裸子植物麻黄粉属占绝对优势。孢粉分析以德弗兰藻属-小栎粉-兰孔脊榆粉-松科孢粉组合为主,说明当时气候干燥,属中亚热带气候,而且该区靠近山地,植被不发育,物源条件十分充足,有利于重力流沉积等砂砾岩体的形成。

通过以上分析得出,对于以水道为物源供给的重力流沉积体系,在地质运动相对稳定时期,沉积物主要受控于物源,而物源由气候控制的沉积环境所决定。以研究区重力流体系为例,在大的降水条件下,山区降水挟带碎屑物质向古冲沟位置汇聚,形成大规模的洪水流,洪水流挟带的大量碎屑物质在冲沟前方沉积。该沉积体系形成的诱导因素可归纳为气候的变化导致了洪水流形成。这为在研究区进行米兰科维奇周期分析的可行性奠定了基础。

三、米兰科维奇旋回的识别与提取

(一) 测井资料的选择和预处理

测井曲线不但分辨率高,达到米级尺度,而且能够敏感、连续地反映所测地层的特征,沉积物的结构、构造、岩性及岩相等周期性变化必定记录在测井数据中,是现阶段分析地层中高频沉积旋回的主要资料。研究表明沉积物粒度变化、泥质含量的多少及沉积速率的大小与岩石的自然放射性之间有很好的对应关系。自然伽马曲线对古气候变化有良好的记录，是反映湖盆气候与环境变化良好的代用指标。本次利用自然伽马曲线对研究区沙四段上亚段进行快速傅里叶变换频谱分析，从中提取丰富的地质信息，找出其沉积旋回的主要周期特征，进而讨论沙四段上亚段地层高频层序演化的控制因素。

测井曲线标准化是后续分析的基础，主要采用环境校正和去奇异值。环境校正主要是对由井径变化引起的声波时差增高或降低进行校正。校正工作主要参考井径曲线和自然伽马曲线进行。去奇异值采用概率统计学和滤波方法剔除错误点值，去除噪声干扰等(图 6-11)。

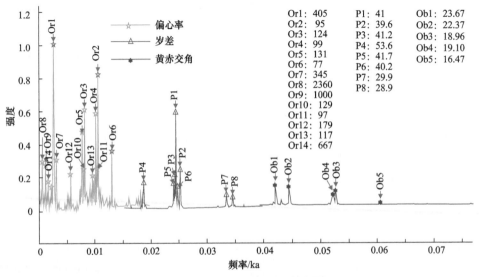

图 6-11　偏心率、黄赤交角、岁差理论值的频率图(Chen et al., 2017)

(二) 米兰科维奇旋回分析

可以认为，多个不同周期的沉积旋回记录在了测井曲线中，如果通过数学变换得出测井曲线中蕴含的旋回信息，并以频率的形式记录成频谱曲线，则可以通过测井曲线的周期来识别沉积旋回周期。进行米兰科维奇旋回周期识别的关键在于如何准确提取测井曲线中蕴含的地质旋回信息。如果将测井数据(主要采用 GR)的深度域转换为时间域，通过快速傅里叶变换进行时频转换后，可将测井数据转换到频率领域，得出频谱曲线。

采用上述方法，对测井曲线进行快速傅里叶变换得到如图 6-12 所示的频谱图，图中功率高点表示该频率的沉积旋回在地层中的优势性。功率值越大，表明该周期的沉积旋回在地层中出现得越频繁，因此高点处的频率对应曲线的主要频率，这样可以找出频谱曲线中的主要频率值，进而可以求出相应的波长，得出旋回周期(表 6-1)。

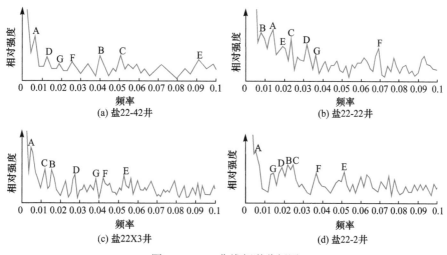

图 6-12　GR 曲线频谱分析图

表 6-1　盐家地区沙四段上亚段 GR 数据的优势旋回周期和天文理论周期的对比

井号	峰值	频率	旋回厚度/m	旋回周期/ka	理论周期/ka
盐 22-2	A	0.0052	192.31	405*	405*
	B	0.022	45.45	95.73	95
	C	0.0248	40.32	84.92	77
	D	0.0198	50.51	106.37	95
	E	0.0514	19.46	40.97	41
	F	0.0366	27.32	57.54	53.6
	G	0.0146	68.49	144.25	131
盐 22-22	A	0.0142	70.42	222.46	179
	B	0.0078	128.21	405*	405*
	C	0.0235	42.55	134.43	131
	D	0.0316	31.65	99.97	99
	E	0.0193	51.81	163.69	179
	F	0.0691	14.47	45.72	41
	G	0.0363	27.55	87.03	95
盐 22-42	A	0.0063	158.73	405*	405
	B	0.0126	79.37	202.50	179
	C	0.04	25.00	63.79	77
	D	0.0504	19.84	50.62	53.6
	E	0.0904	11.06	28.22	28.9
	F	0.0253	39.53	100.85	99
	G	0.0187	53.48	136.44	131
盐 22-43	A	0.0071	140.85	405*	405
	B	0.0178	56.18	161.55	179
	C	0.0233	42.92	123.41	124

井号	峰值	频率	旋回厚度/m	旋回周期/ka	理论周期/ka
盐 22-43	D	0.0304	32.89	94.59	95
	E	0.0346	28.90	83.11	77
	F	0.0586	17.06	49.07	53.6
盐 22X3	A	0.0046	217.39	405*	405
	B	0.0154	64.94	120.97	124
	C	0.012	83.33	155.25	—
	D	0.0275	36.36	67.75	—
	E	0.0527	18.98	35.35	39.61
	F	0.0421	23.75	44.25	41
	G	0.0383	26.11	48.64	41
盐 X21	A	0.007	142.86	450*	405
	B	0.0172	58.14	164.83	179
	C	0.0306	32.68	92.65	95
	D	0.0396	25.25	71.59	77
	E	0.0542	18.45	52.31	53.6
	F	0.1167	8.57	24.29	23.67
	G	0.0912	10.96	31.09	29.9
盐 227-1	A	0.0076	131.58	405*	405
	B	0.0313	31.95	98.34	99
	C	0.0125	80.00	246.24	—
	D	0.0194	51.55	158.66	179
	E	0.0595	16.81	51.73	53.6
盐 22X27	A	0.0037	270.27	450*	—
	B	0.0092	108.70	405.00	405
	C	0.0246	40.65	151.46	179
	D	0.0284	35.21	131.20	131
	E	0.0352	28.41	105.85	99
	F	0.0163	61.35	228.59	—
	G	0.0541	18.48	68.87	77

*该峰值为第一优势旋回周期

　　在天文地层研究中常把以厚度为单位的周期长度转换为以时间为单位的周期长度，然后才有可能去与天文理论值进行对比。这一转换的重要参数是堆积速率的确定。这就要求从多个优势旋回中选定一个主要优势旋回，假定它可能是天文偏心率为 404ka(或405ka)周期的响应，从而可计算堆积速率。盐 22-2 井沙四段上亚段的主要优势旋回为192.31m(表 6-1)，把它作为天文偏心率周期值(405ka)的响应，则可求得旋回的堆积速率

(AR)值为192.31/405=0.475mm/a。依据这一 AR 值，把表6-1中的盐22-2井的3088.86~3740m优势旋回(以厚度为单位)的周期值转化成以时间为单位的周期值，列于表6-1中。由表6-1可见，其中除405ka值是指定的与192.31m对应以外，还有6个优势旋回。6个理论值与6个优势旋回的以时间为单位的周期值对应较好。这表明把192.31m作为天文偏心率周期值(405ka)响应的假设可以接受，这样有理由把192.31m周期作为该井区的主要优势旋回厚度。如果与上述天文理论周期值对应不满意，可另选其他的优势旋回进行计算，确定主要优势旋回。主要优势旋回确定后，用它的周期除以405ka，可得到AR值。其他井采用相同的分析方法，分析结果见表6-1。

(三) 米兰科维奇曲线

对测井曲线进行米兰科维奇优势旋回分析，按照米兰科维奇优势频率精细数字滤波便可以得到相应的米兰科维奇曲线。米兰科维奇曲线的求取是进行地层旋回对比的基础(宋明水等，2012)。

为了滤出指定优势旋回，需要采用不同的数字滤波器。由于不同层位的岩相变化大，沉积速率明显变化，主要优势旋回也会有变化。

仍然以盐22-2井为例，设计低通滤波器取出曲线中低于45.45m的低频旋回变化特征，分析认为，利用该低通滤波器获得的米兰科维奇曲线主要由45.45~192.31m旋回组合而成，以此米兰科维奇曲线可以进行四级旋回和五级旋回的划分。

频谱曲线的米兰科维奇旋回的分析是一个复杂的过程，必须逐个反复比较和鉴定，分析每一个峰值频率(幅度高于一般的频率)的波长及其相互间的比率关系，目的在于发现分析层段范围内部波长比率与地质时期气候变化的旋回周期比率相同或相似的频率。两者的比率关系越接近，越能说明这些波长的频率反映古气候变化的信息，即捕捉到所要分析层段的高频旋回信息，为沉积旋回分析提供依据。

四、米兰科维奇高分辨率层序地层划分

在坡折带背景下，当基准面下降至坡折附近或坡折之下形成的层序界面时，往往具有如下地质特征：①在基准面处于坡折附近或坡折之下时，基准面之上处于沉积过程或侵蚀状态，在地质记录上表现为无沉积、地层剥蚀及侵蚀下切谷；基准面之下多为连续沉积区，形成由斜坡向盆地方向增厚的楔形沉积体，局部可发生水下侵蚀。②在基准面上升过程中，主要表现为连续地层超覆和下切谷充填。坡折带背景下，在基准面下降和上升过程中，不同部位的地质过程存在明显差异，导致不同部位层序界面特征在钻井和地震资料上表现出明显差异。

(一) 米兰科维奇旋回划分方案

三级层序主要受构造运动控制。在三级层序地层格架内，古气候的连续变化通常能够在地层记录中连续地保存下来，进行米兰科维奇旋回识别是可行的。因此，在三级层序地层格架内进行高级别四、五、六级等高级别层序划分过程中，可以借助所识别出的米兰科维奇旋回作为各剖面层序划分的标尺，依据不同级别的米兰科维奇旋回建立不同

级别的高分辨率层序地层格架(简称米兰科维奇旋回层序地层格架)。米兰科维奇旋回层序地层格架可以保证各剖面高级别层序划分方案的统一性，大大减少了高级别层序划分对比中的人为因素，从而提高了其准确性。

东营凹陷北坡盐家-永安地区沙四段上亚段属沟谷深水扇和近岸水下扇沉积，形成于三级层序的水进体系域连续沉积时期，地层缺失少、旋回保存完整，有利于米兰科维奇旋回的保存。

本书分别对盐家、永安地区优势旋回厚度做统计分析，通过分析第一、第二优势旋回厚度，并结合层序地层的基准面旋回识别，综合分析了沙四段上亚段的旋回划分方案(图6-13)。

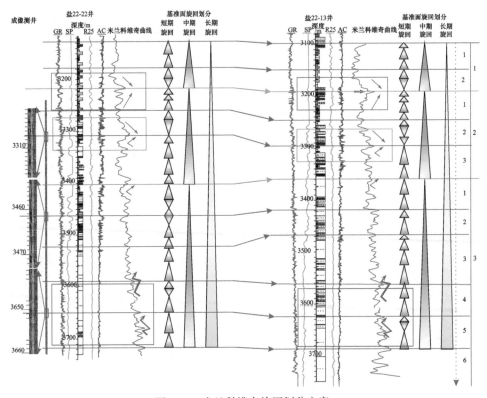

图6-13　米兰科维奇旋回划分方案

盐家地区优势旋回厚度数据分析表明，第一优势旋回厚度分布在116.28～217.39m，平均为151.70m。第二优势旋回厚度为45.45～79.37m(表6-2)。

旋回个数可根据层位厚度与旋回厚度之比取整来估算，由此计算得到第一优势旋回个数为3个，同时参照基准面变化原理进行综合分析，认为第一优势旋回对应层序地层的四级旋回，即沙四段上亚段可划分为3个四级旋回。统计分析说明第二优势旋回个数约为11个，由于部分井未钻遇沙四段下亚段底部界面，旋回个数少于11个。第二优势旋回对应五级层序，将沙四段上亚段划分为11个五级层序(表6-2)

表 6-2　优势旋回厚度统计表

优势旋回	井号	旋回厚度/m	顶/m	底/m	井深/m	理论旋回个数	实际划分旋回个数
第一优势旋回	盐 22-2	192.31	3088.86	3740	651.14	3.39	3
	盐 22-22	128.21	3139.29	3730	590.71	4.61	3
	盐 22-42	158.73	3120.79	3578	457.21	2.88	3
	盐 22-23	105.26	3096.42	3570	473.58	4.50	3
	盐 22X3	217.39	3138.91	3840	701.09	3.23	3
	盐 22X8	119.05	3046.01	3505	458.99	3.86	3
	盐 X21	142.86	3030.18	3370	339.82	2.38	3
	盐 22X5	185.19	3149.35	3920	770.65	4.16	3
	盐 22X45	116.28	3135.53	3692	556.47	4.79	3
均值		151.70			555.52	3.76	
第二优势旋回	盐 22-2	45.45	3088.86	3740	651.14	14.33	11
	盐 22-22	70.42	3139.29	3730	590.71	8.39	10
	盐 22-42	79.37	3120.79	3578	457.21	5.76	7
	盐 22-23	47.62	3096.42	3570	473.58	9.94	10
	盐 22X3	64.94	3138.91	3840	701.09	10.80	11
	盐 22X8	59.88	3046.01	3505	458.99	7.67	7
	盐 X21	58.14	3030.18	3370	339.82	5.84	6
	盐 22X5	78.13	3149.35	3920	770.65	9.86	11
	盐 22X45	48.54	3135.53	3692	556.47	11.46	11

(二)连井米兰科维奇旋回对比

设计低通滤波器以低于第二优势旋回厚度的对应频率提出米兰科维奇曲线,以这条曲线作为四级层序、五级层序划分的时间标尺,结合基准面特征识别进行层序划分与连井对比,建立研究区沙四段上亚段米兰科维奇地层对比格架(图 6-14)。

以米兰科维奇旋回为标尺建立的四级、五级层序地层格架特征及演化与古地理背景完全吻合。米兰科维奇曲线连井剖面可将地层控制在相同的时间间隔内,结合高分辨率层序地层学的理论及其技术方法能较好地弥补和解决砂砾岩地层旋回对比的问题,有效地提高地层对比的精细程度和储层预测的准确性,而且其应用范围已经延伸到小层砂体劈分和等时追踪对比。

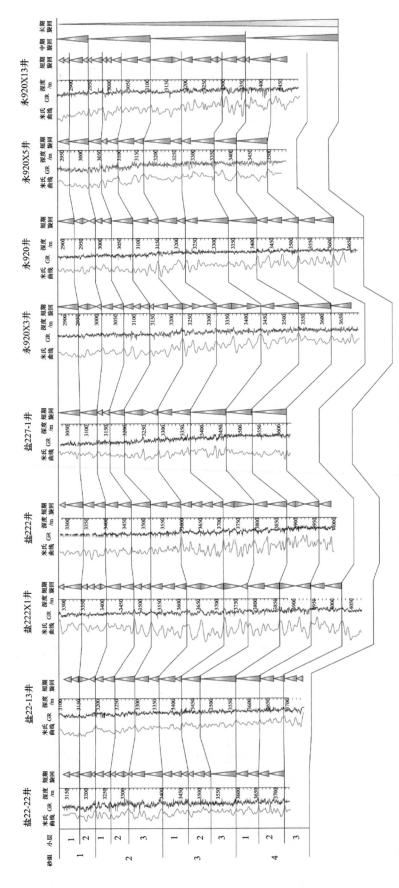

图6-14 米兰科维奇(米氏)地层对比剖面图

第四节 时频分析与砂砾岩体期次划分

东营凹陷北部斜坡带地区沙四段上亚段发育巨厚砂砾岩体,纵向上厚度大泥岩隔层少,由多期扇体叠覆而成。砂砾岩体为快速沉积的产物,沉积体系复杂,沉积相带类型多样,成层性差,纵横向变化大,地震资料显示差,难以连续追踪。利用测井曲线的岩电关系进行地层划分的常规方法效果差,地层划分对比困难。因此如何最大限度地利用现有资料进行精细地层划分是目前亟待解决的问题。时频分析技术主要通过分析地震或测井信号频谱特征随时间的变化实现地层的划分等。时频分析的方法很多,主要有小波变换(CWT)、S 变换、离散傅里叶变换(DFT)等。小波变换作为 20 世纪 80 年代发展起来的新技术,在地球物理行业得到了广泛的应用。本书利用测井曲线小波变换时频分析对砂砾岩体的精细地层划分进行了有益的尝试并且取得了较好的效果。

用测井曲线的小波分析划分沉积旋回的理论基础是小波分析能够识别出测井曲线中不同频率的曲线旋回,高频的曲线旋回对应高频的即短期沉积旋回,低频的曲线旋回对应低频的即长期沉积旋回,因此可以用不同频率的测井曲线旋回划分不同周期的沉积旋回,对应不同级别的层序地层单元(图 6-15)。

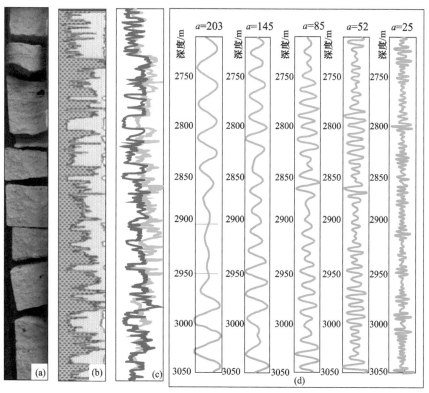

图 6-15 小波分析识别沉积旋回理论示意图

(a) 岩心记录的地层旋回[纵向比例尺与(b)~(d)不一致];(b) 基于测井解释的地层砂泥岩旋回特征;
(c) 测井曲线旋回特征;(d) 测井曲线旋回分解

一、小波变换

小波(wavelet)这一术语，顾名思义，就是小的波形。所谓"小"是指它具有衰减性；而"波"则是指它的波动性，其振幅正负相间的振荡形式。小波变换的概念是由法国从事油信号处理的工程师 J.Morlet 于 1974 年首先提出的，通过物理的直观和信号处理的实际需要经验地建立了反演公式。

自然界中复杂的周期运动都是由多个不同周期的简单运动叠加而成的，沉积旋回是沉积事件的周期性重复。测井曲线是地层岩性和物性的反映，包含大量的与沉积旋回有关的地质信息。小波分析是一种多尺度的时频分析工具，是空间(时间)和频率的局部变换，通过伸缩和平移等运算功能可对函数或信号进行多尺度的细化分析，可以有效地从信号中提取所需要的信息。

小波变换可以分为连续小波变换和离散小波变换。

(一) 连续小波变换

小波变换中，对于非平稳信号(测井信号即为非平稳信号)而言，需要时频窗口具有可调的性质，即要求在高频部分具有较好的时间分辨率特性，而在低频部分具有较好的频率分辨率特性。为此特引入窗口函数 $\psi_{a,b}(t)=\dfrac{1}{\sqrt{|a|}}\psi\left(\dfrac{t-b}{a}\right)$，并定义变换：

$$W_{\psi}f(a,b)=\frac{1}{\sqrt{|a|}}\int_{-\infty}^{+\infty}f(t)\psi\cdot\left(\frac{t-b}{a}\right)\mathrm{d}t \tag{6-1}$$

其中，$a\in \mathbf{R}$ 且 $a\neq 0$。式(6-1)定义了连续小波变换，a 为尺度因子，表示与频率相关的伸缩，b 为时间平移因子。

(二)离散小波变换

一维离散小波变换的算法一般采用 Mallat 算法。如图 6-16 所示，对于一个给定长度为 N 的信号，可以至多分解 $\log_2 N$ 级。其中 cD 表示高频信号成分，cA 表示低频信号成分。低频信号成分体现了信号自身的特征，对于测井曲线而言，低频成分一般对应大尺度层序地层单元；高频成分与噪声或扰动混合在一起，可以反映高频地层旋回的影响。

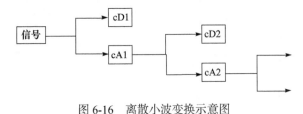

图 6-16　离散小波变换示意图

(三) 常用小波

小波基函数决定了小波变换的效率和效果。根据研究目的不同，可以灵活选择小波基函数，下面列举了几个常用的连续小波基函数。

1. Haar 小波

$$\psi_{H}(t) = \begin{cases} 1, & 0 \leqslant t < \dfrac{1}{2} \\ -1, & \dfrac{1}{2} \leqslant t \leqslant 1 \\ 0, & \text{其他} \end{cases} \tag{6-2}$$

Haar 小波(哈尔小波)是所有已知小波中最简单的。对于 t 的平移，Haar 小波是正交的。对于一维 Haar 小波可以看成是完成了差分运算，即给出与观测结果的平均值不相等的部分的差。显然，Haar 小波不是连续可微函数。

2. Mexico 草帽小波

Mexico 草帽小波是高斯函数的二阶导数，即

$$\psi(t) = \frac{2}{\sqrt{3}}\pi^{-1/4}(1 - t^2)e^{-t^2/2} \tag{6-3}$$

系数 $\dfrac{2}{\sqrt{3}}\pi^{-1/4}$ 主要是保证 $\psi(t)$ 的归一化，即 $\|\psi\|^2 = 1$。这个小波使用的是高斯平滑函数的二阶导数，由于波形与墨西哥草帽(Mexicao Hat)剖面轮廓线相似而得名，如图 6-17 所示。

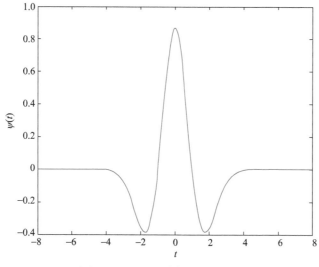

图 6-17　墨西哥草帽小波波形图

3. Morlet 小波

$$\psi_0(t) = \pi^{-1/4}\cos(5t)e^{-t^2/2}$$

如图 6-18 所示，Morlet 小波是一个具有解析表达式的小波，不具备正交性，只能做连续小波变换，不能用于离散小波变换，不存在紧支集，因此在沉积期次精细划分中可以选用 Morlet 小波进行连续小波变换。

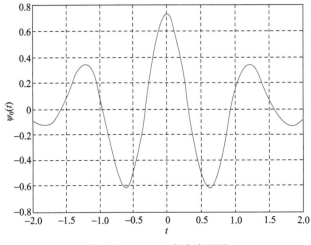

图 6-18　Morlet 小波波形图

4. Daubechies 小波

Daubechies 小波是由著名小波学者 Ingrid Daubechies 所创造，他发明的紧支集正交小波是小波领域的里程碑，使得小波的研究由理论转到可行。这一系列的小波简写成 db$N$，其中 N 表示阶数。砂砾岩体沉积期次划分采用 Daubechies5(db5)离散小波变换也可以得到较好的效果(图 6-19)。

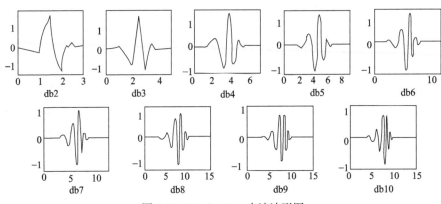

图 6-19　Daubechies 小波波形图

二、砂砾岩体期次精细划分

小波变换时频分析技术通过将一维深度域的测井数据转化到二维深度-尺度域，从而观测其频率结构，并明确不同频率段之间的突变点或突变区域，频率段的突变实际上代表了测井曲线中岩性的变化。由多个不同周期的沉积旋回叠加的测井曲线，通过小波变换，得出多种伸缩尺度下小波系数曲线的周期性振荡，代表了不同周期的沉积旋回。结合各级层序界面，可以实现地层旋回性的划分与对比。

(一) 测井曲线的选择

小波变换采用测井数据进行分析具有两大优势：一是测井曲线分辨率高，本书选取的测井曲线采样间隔为 0.125m；二是测井曲线的连续性好，能够敏感、连续地反映所测地层的特征，沉积物的结构、构造、岩性及岩相等周期性变化特征。声波时差(AC)、自然伽马(GR)和自然电位(SP)等测井曲线都能在一定程度上反映出岩性、粒度变化、泥质含量等信息，通过三条曲线 Morlet 小波变换后对比发现，很明显地可以看出自然伽马曲线小波系数图谱为最优选择。

在小波系数的时频色谱图中，颜色由亮到暗代表小波系数从高值到低值，横轴为深度位移，纵轴为尺度因子，从该图可以看出，测井曲线经小波变换后已成为深度-尺度域二维空间的函数，并且不同的尺度和深度域显示出不同的周期性。

综合该色谱图所反映的概貌信息，图中大尺度上亮色的位置为大尺度沉积旋回层序或准层序组界面，并且在大尺度沉积旋回内部还嵌套着许多小尺度的沉积旋回准层序。需要说明的是时频色谱图上左右边界处小波系数值异常大的亮色是由小波变换的边界效应引起。图 6-20 中尺度因子在一范围内，主要表现为大尺度沉积旋回，可用于准层序组的识别小尺度沉积旋回对应的尺度范围为 180~240。尺度在 120 以下可认为与高频地层旋回岩层组或岩层相对应。

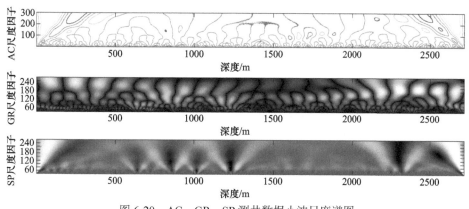

图 6-20　AC、GR、SP 测井数据小波尺度谱图

(二) 小波变换时频分析

时频分析的主要步骤如下。

1. 测井数据的预处理

对原始测井数据进行环境校正和数据的标准化处理，消除这些非地层因素对原始资料的影响。

对于只有一个标准层，则其标准化校正量的计算方法为：对于关键井，趋势面分析的残差值就是其校正量，即 $Z_c=Z+\Delta Z_1$；对于检查井(即未参加趋势面分析的井)，其标准化校正量为井点所处的趋势值与标准层测井响应特征峰值之差，即 $Z_c=Z+\Delta Z_2$。以上两式中，Z_c 为标准化后的测井响应值；Z 为原始测井响应值；ΔZ_1 为井点趋势面分析的残差值；ΔZ_2 为井点趋势值与特征峰值之差。

2. 小波变换尺度选择

根据数字信号采样定理，一个带限连续信号采样频率 f_s 必须大于或等于信号最高频率 f_{max} 的 2 倍，这样采样后的离散信号才可以完全恢复成原来的信号。

测井信号作为非平稳信号，存在大量的奇异点值，这些奇异点可以分为两类：一种是信号在某一深度幅值发生突变，引起测井数据的不连续性，该类突变处为第一类突变点；另一种是信号外观表面上比较光滑，幅值没有突变，但在信号的一阶导数上有突变产生，且一阶导数不连续，称为第二类突变点。通常岩层组和准层序界面在测井曲线上主要表现为第一类突变点，即界面处曲线幅值变换较大，但薄岩层或者一个中等厚度岩层中的非均质薄层的界面却表现为两类突变点的复合。

3. 沉积旋回的识别

沉积地层不仅具有成层性而且具有旋回性。根据沉积岩物性的变化特点，可将地层层序划分为正旋回、反旋回、正反旋回和反正旋回。研究表明，不同的地层旋回具有不同的深度域频率扫描特征，主要根据时频色谱图上主极值频率能量的偏移方向判定深度域频率扫描特征，如图 6-21 所示。

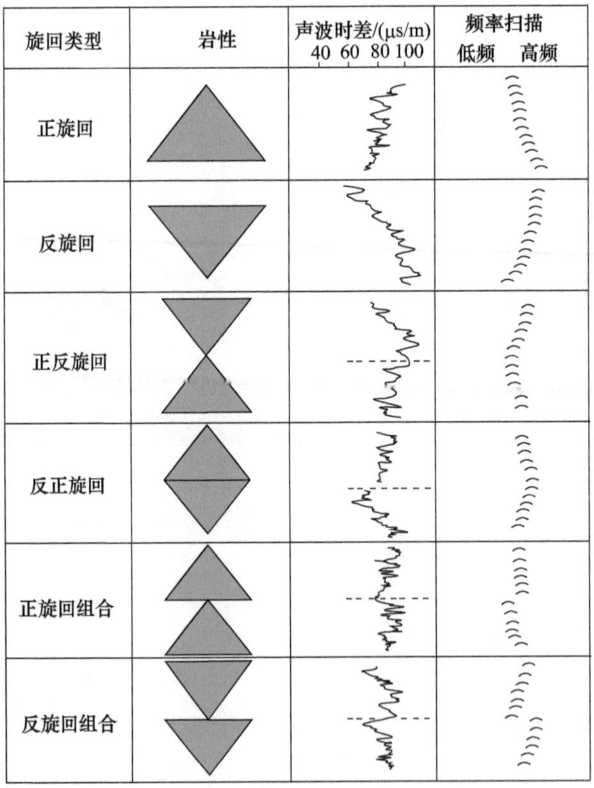

图 6-21　时频分析沉积旋回识别标志图(据陈茂山，1999)

根据上述步骤，利用 Morlet 小波对经过标准化处理的声波时差曲线进行小波分解，得到深度域和空间域的时频色谱图。为了更加方便地进行沉积旋回的识别，本书对时频色谱图做了镜像处理，使其更好地识别旋回特征。综合地震、测井、岩心等资料，盐家-

永安地区沙四段上亚段砂砾岩体共划分为 3 个砂组，11 个小层，其中一砂组 2 个小层，二砂组 3 个小层，三砂组 6 个小层。通过与其他分层方法的验证对比，测井资料时频分析方法比较准确可靠，取得了较好的效果(图 6-22)。

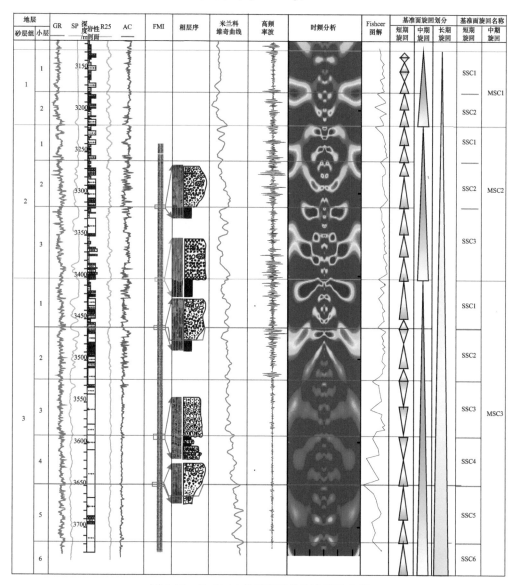

图 6-22 盐 22-22 井砂砾岩体期次划分方案

图 6-23 为盐 222 井的时频分析成果图，左侧第一列为输入的原始声波曲线；第二列为经过标准化处理的声波曲线；第三列为小波变换的时频色谱图，为了更好地识别沉积旋回而做了镜像处理；第四列为时频分析的主极值曲线，用来控制小波变换的质量。

4. 井震联合对比

地震资料具有横向分辨率高的特点，本研究区 CDP 面元为 25m×25m，通过井震结合，将单井精细期次划分的结果进行标定，然后在地震数据体的约束下进行连井对比。

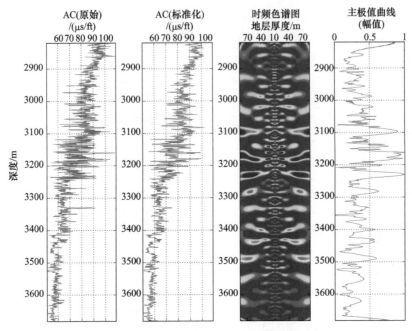

图 6-23　盐 222 井声波时差曲线时频分析图

层位标定的目的是确定地层在地震反射剖面上的准确位置和地震响应特征,是构造解释、储层预测的基础和关键,也是油藏勘探可信程度的先决条件。它是将目的层界面通过人工合成地震记录等方式准确地标定在地震剖面上,建立地质层位与地震反射特征之间的对应关系。合成地震记录,实际上是一种正演方法,先用综合速度求取测井曲线的起始时间,再用声波和密度测井资料计算波阻抗和反射系数,然后在过井剖面上提取目的层段的地震子波与之进行褶积计算,得到合成地震记录。大量的统计表明,声波曲线的质量对合成记录质量的贡献起主导作用,合成地震记录效果的好坏,直接取决于声波曲线的质量,因而需要对声波曲线做合理的编辑,消除零点漂移、井径扩径等的影响。

在准确标定各反射标志层后,各目的层小层标定采用单井垂向多信息精细标定与横向井间对比分析的方法,以达到小层精细标定的目的。具体做法是采用滑动相关技术,将合成记录以较小的步长滑动,计算相关系数,当相关系数达到最大时,认为所对应的地震地质层位是合理、准确的。

地震资料时频分析技术在储层预测、地震层序分析等方面取得了比较广泛的应用和较好的效果。但是由于地震数据资料纵向分辨率低,主频约 25Hz,加上本区砂砾岩体内幕反射杂乱,地震同相轴横向追踪困难,给砂砾岩体期次划分带来了一定的困难。图 6-24 为地震资料时频分析和测井资料时频分析对比,可以清晰地看出测井资料时频分析纵向分辨率高,旋回划分尺度范围大,高分辨率旋回划分准确可靠。本书结合测井数据时频分析,利用测井曲线高分辨率的特点,采用小波变换时频分析的技术手段,精细划分单井沉积期次,通过合成地震记录层位标定,在地震资料横向约束下展开连井对比,取得了较好的效果。如图 6-25 所示,工区相对较好的辅助标志层为沙三段下亚段与沙四段的分界,即沙四段的顶界,为 T_6^F 反射层。在电性上,沙四段表现为大套砂砾岩,自然电位曲线基线发生了明显偏移，具有大幅度差，电阻率曲线也多呈锯齿状或高阻尖峰；因而沙四段的顶界易于识别。

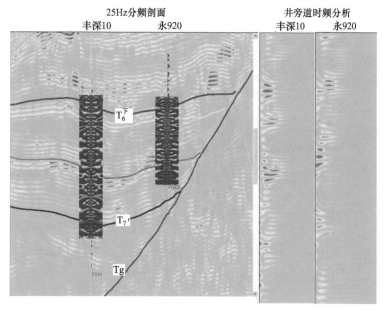

图 6-24　地震资料时频分析和测井资料时频分析对比

另外，相位属性对地层的层状边界反应敏感，在瞬时相位的剖面上可以清晰地看到扇体内部的层状结构，可以用来指导扇体小层及内部期次的划分(图 6-26)。

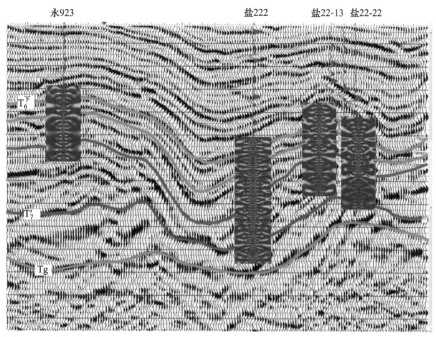

图 6-25　永 923 井—盐 222 井—盐 22-13 井—盐 22-22 井测井时频分析连井对比剖面

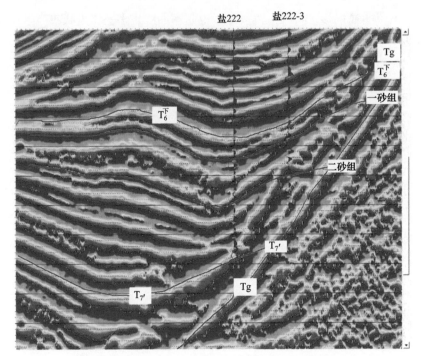

图 6-26　盐 222 井—盐 222-3 井连井剖面(相位属性)

第七章　重力流沉积层序地层发育模式

层序地层学是对沉积岩进行划分、对比和分析的方法。层序地层学从 1987 年诞生以来就表现出了巨大的生命力，在油气勘探和开发中得到了广泛的应用。层序地层学基于地震地层学的研究，其理论精髓是全球性海平面变化控制着地层沉积的发生和发展。层序地层学的诞生，推动了包括沉积地质学、储层描述、油藏开发在内的各个地质学科领域的迅速发展，也为寻找隐蔽油气藏提供了强有力的工具，可以说是对地球科学的一场革命。其发展历程可以划分为以下几个阶段，如表 7-1 所示。

表 7-1　层序地层学发展阶段

阶段	时间	标志	代表人	主要成果
概念萌芽阶段	1948～1977 年	提出地层层序的概念	Sloss、Krumbein、Dapples	北美克拉通前寒武纪晚期至全新世地层划分成以区域不整合面为边界的 6 套地层层序，并以北美印第安部落的名字对层序进行命名
孕育阶段	1977～1988 年	Vail 等编著的《地震地层学》	Vail、Mitchum	提出层序是由相对均一的、连续的、成因上有联系的地层组成，顶底以不整合或与之可对比的整合面为界的地层单元；提出了著名的海平面升降曲线
理论系统化阶段	1988 年至今	Vail 等编著的《海平面变化综合分析》；Sangree、Wagoner 和 MitChum 等的层序地层学文献的发表	Vail、Sangree、Wagoner、MitChum	层序地层学开始应用到勘探开发的各个阶段

　　自 20 世纪 70 年代开始，层序地层学在地震地层学的基础上发展、深化并逐渐形成一套完整的理论体系。在其发展过程中先后形成了四大学派，它们已成为层序地层研究的四种基本方法(表 7-2)。

　　20 世纪 80 年代，国内地质学家开始了对层序地层学的研究。针对中国陆相含油气盆地，朱筱敏、纪友亮、郑荣才、张金亮等进行了大量的研究，形成了颇多的研究成果。纪友亮专门针对断陷湖盆总结了三大类层序地层模式：①OLSEN 的里奇蒙德型(Richmond)湖盆模式、纳瓦克(Newark)型湖盆模式和方迪(Fundy)型湖盆模式；②Perimutter 和 Matthews 的高盆缘型模式、低盆缘型模式；③华北典型箕状断陷盆地层序地层学模式。1995 年邓宏文将 Cross 教授的高分辨率层序地层学引入中国，极大地促进了中国层序地层学的发展，对隐蔽性油气藏的勘探具有积极的意义(表 7-2)。

表 7-2　层序地层学的基本学派

学派	代表人	层序界面
经典层序地层学派	Vail	强调以不整合面及其对应的整合面为层序边界
成因地层学派	Galloway	强调以最大湖泛面以及对应的沉积间断面为层序边界
Johnson 学派	Johnson	强调以低水位体系域或陆架边缘体系域与海进体系域之间的初始海泛面为层序界面
高分辨率层序地层学派	Cross	强调可容空间对层序结构的控制

　　不可否认，每种学派的观点都有各自的优点和适用范围。在研究过程中发现，在划分整个凹陷地层沉积样式总结地层发育模式时，经典层序地层学(Vail 学派)更具有优势，因为它更适合分析级别较大的层序旋回及沉积样式，但针对某个区块的精细期次划分与旋回对比，高分辨率层序地层学(Cross 学派)更具有优势。如果仅采用单一的层序地层学派很难将观点论述清楚，所以本书交叉使用了 Vail 和 Cross 两种学派的观点和方法。多年的研究工作实践证明，交叉使用各学派的观点比使用单一学派的观点更有利于对含油气盆地的整体把握，并可以将盆地的地质研究与油田有效开发进行有机结合。但由于不同学派的层序地层学所使用的术语不相同，术语使用存在混乱，针对此种情况做如下处理：①将 Vail 的层序级别和 Cross 的旋回级别进行对比并建立关联，使不同学派的术语具有可对比性和联系性(如表 7-3 中 Vail 的准层序组、四级层序与 Cross 的中期旋回是相互对应的)；②对于湖盆水下沉积，采用 Cross 术语讨论层序内的基准面升降变化时可以近似地对应 Vail 的水平面升降；③严格使用各学派的既定术语，即根据术语可明显地识别出所使用的是哪个学派的理论。

表 7-3　Vail 学派和 Cross 学派层序地层级别对比

学派		层序/旋回级别				
	层序	超层序(构造层序)	层序组	层序	准层序组	准层序
	旋回	一级	二级	三级	四级	五级
Vail	层序边界	超盆地范围的构造不整合面	盆地范围的构造不整合面	一套以不整合或与之相关的整合为界面的有内在联系的相对整合的地层	具有一套明显的叠加模式，以主要湖泛面及与之对应的界面为边界	一组相对整合的有内在联系的岩层或岩层组，它们以湖泛面及与之对应的界面为边界
	旋回	巨旋回	超长期	长期	中期	短期
Cross	旋回特征	盆地演化各阶段的原型盆地完整的沉积充填序列	以盆地构造幕为单位的地层充填序列	一套具较大水深变化幅度的、彼此间具有成因联系的地层所组成的区域性湖进-湖退沉积序列	一套水深变化不大的、彼此间成因联系密切的地层叠加所组成的湖进-湖退沉积序列	一套以低幅水深变化的、彼此成因联系极为密切，或由相似岩心、岩相地层叠加组成的湖进-湖退沉积序列

第一节　断陷湖盆重力流层序地层模式

一、层序级别的划分

层序是由不整合面或与其对应的整合面限定的一组相对整合的、具有成因联系的地层序列。众所周知，在地层中发育不同规模的层序界面，如果没有级别的概念，将会划分出无数的、大量的层序。因此，在对一个地区进行层序研究前应首先确定研究区的层序级别体系。

不同学派、不同学者所提出的层序地层学的分级体系有一定的差别，而且层序的命名、级别与时间跨越尺度也不尽相同，如 Sloss 最早把显生宙划分为 6 个层序；Allen 等把层序划分为 4 个级别；Vail 把层序划分为 6 个级别；有人甚至把纹层也算在内，把层序划分为 8 个级别。层序级别划分的混乱导致同一地区出现多种划分方案，更为严重的是不同划分方案的层序界面定义的不一致性使得层序的划分更为混乱，因此建立统一的层序级别体系是至关重要的。

陆相断陷湖盆层序级别的划分应该从整个盆地的构造演化特征出发，结合不同级次的水平面变化进行分析。从东营凹陷的演化史看，盆地在沉积上具有明显的旋回性，这种旋回性不仅表现在沉积物特征上，也表现在古环境特征和古生物上，同时这种旋回性与研究区的构造运动、湖平面升降具有明显的同步性。因此在陆相断陷湖盆层序地层学研究中，许多研究者认为构造比气候对湖盆层序形成的影响更大、范围更广，尤其是不同斜坡带对层序样式的形成具有明显的控制作用，由此提出构造是湖盆层序地层形成的主控因素，并认为在陆相盆地中，不同规模的构造活动和边界断裂可以形成不同级别的层序，盆地内的次级构造事件则与次一级规模的层序有一定联系。为了方便研究，研究区的层序级别体系应该与现有的通用层序地层模式中的层序级别相对应。在研究中，通过与 Vail 和 Cross 两个学派的层序级别进行对应，建立了研究区的层序级别体系。需要说明的是，不同学派对层序级别定义所用的术语不同，通过对比分析，将 Vail 和 Cross 两个学派的层序级别进行统一关联(表 7-3)。

二、构造演化及其对层序的控制作用

尽管国内外地质学家建立了多种断陷湖盆的层序地层模式，但是由于断陷湖盆沉积的复杂性，到目前仍然没有具有普遍指导意义的断陷盆地层序类型和体系域模式。断陷湖盆层序地层模式的建立应从研究湖盆形成至消亡的构造演化出发，分析每个构造运动时期内层序的规律性叠置组合，明确层序地层充填序列，建立层序地层模式。

以东营凹陷为例，古近纪—新近纪是东营凹陷形成过程中的裂陷-扩张阶段，该构造时期与凹陷的地层填充有直接的关系，它可以划分为 3 个构造运动期，如表 7-4 所示。

表 7-4　东营凹陷构造发育期

构造期	构造幕	地质时期	构造运动结果
拗陷期	沉降加速	明化镇组—第四系沉积时期	东营凹陷加速沉降，断层的活动性进一步减弱，南部一般至馆陶组上部消失，北部可至明化镇组上部消失，消失深度为700~800m，形成了新近系披覆背斜
	热回沉	馆陶组沉积时期	断陷期凹凸相间的构造面貌被夷平，几个较大的凸起(如陈家庄凸起、青坨子凸起及广饶凸起等)尚未被掩埋
裂陷期	Ⅳ	沙二段上部—东营组沉积时期	东营凹陷中央背斜带极其复杂的断裂系统在构造及非构造因素的共同作用下已经形成，此外还形成了众多不同规模的古近系潜山披覆构造(如广利潜山披覆构造)
	Ⅲ	沙三段—沙二段下亚段沉积时期	产生了东营凹陷中央的次级隆起带
	Ⅱ	沙四段沉积时期	东营凹陷周围鲁西隆起、广饶凸起、陈家庄凸起等不断上升，遭受剥蚀，惠民与东营之间的青城凸起在该时期形成水下高地，东营凹陷和惠民凹陷基本分离
	Ⅰ	孔店组沉积时期	东营凹陷南部高青、博兴、金家和陈家庄-王家岗断裂带相继形成
挤压期		早、中侏罗世	奠定了早中生代的基本构造格局

构造对沉积的控制作用体现在主断层的构造位置对沉积物分布的控制作用。东营凹陷各个构造时期内沉积体系分布的特征如下所述。

（一）断陷初始期（Ⅰ幕）

孔店组沉积时期属于断陷沉积初期，伴有强烈的火山活动，燕山运动尾幕的构造运动造成盆地抬升，孔店组剥蚀下伏中生代地层并与之呈角度不整合接触。孔店组地层具红色两分性，主要发育冲积扇和河流相沉积。

（二）断陷发展期（Ⅱ幕）

沙四段沉积时期属于断陷发育期，该时期沉积是半干旱气候条件下的产物，主要为一套灰色、深灰色、灰褐色湖相泥岩夹砂砾岩沉积，不同位置岩性有所差别，西段—中段泥岩含量相对较高，以细砾岩和含砾粗砂岩为主，东段泥质含量低，以粗砾岩、细砾岩和含砾砂岩为主，尤其是东段盐家-永安地区为缺少泥岩隔层的大套砂砾岩沉积。主要发育扇三角洲、近岸水下扇和深水浊流沉积，从下往上，总体呈粗-细的正旋回。

（三）断陷鼎盛期（Ⅲ幕）

沙三段至沙二段下部沉积时期断陷强烈，是盆地主断层发育的高峰期。沙三段下亚段至沙三段中亚段地层是潮湿气候条件下的产物，主要为深水环境下的近岸水下扇和滑塌浊积扇沉积。沙三段中亚段时期从下往上构成粗-细-粗的完整旋回。沙三段上亚段主要发育三角洲体系。沙二段下亚段下部为浅水环境下的三角洲和滩坝沉积。从下向上总体呈现粗-细-粗的完整旋回或细-粗的反旋回。

(四) 断陷萎缩期(Ⅳ幕)

沙二段上部至东营组沉积时期,济阳拗陷断陷稳定,凸起和凹陷的分割性减弱。该时期沉积物是气候由干旱向潮湿转变条件下的产物,灰绿色、紫红色泥岩含量较高,同时发育灰色砂岩,从下向上砂岩含量明显减少,以河流相沉积为主,总体呈现粗-细的正旋回。

三、层序界面识别

经典层序地层学派(Vail 学派)的层序界面是层序与层序之间的不整合面及相关的整合面。在地震剖面上可以通过一些特殊的地震反射特征来识别,这样的反射特征主要有上超、下超、削截和顶超。对东营凹陷北带层序界面地震反射特征的研究前人做过大量的工作,各级层序界面反射特征如表 7-5 所示。

表 7-5　层序界面反射特征

反射界面	相位组成	相位特征	地层响应	地质意义
T₁	由 2~3 个强相位组成	高频、强振幅、连续性好	东营组顶部不整合面和馆陶组底砾岩	东营组与馆陶组界面
T₂	一般由 2 个相位组成	高频、强振幅、连续性好	沙一段中下部生物灰岩地层	沙一段与沙二段界面
T₂′	由 2~3 个弱相位组成	亚平行、连续性差	红色河流相沉积	沙二段下亚段与沙二段上亚段界面
T₃	由 2 个中等反射波组组成	亚平行、连续性中等	三角洲发育晚期形成的沼泽	沙二段下亚段与沙三段上亚段界面
T₄	由 2~3 个反射波组组成	高频、强振幅、连续性好	白云岩和灰质泥岩的顶面反射	沙三段上亚段与沙三段下亚段界面
T₆ 及 T₆′	分上、下 2 个强相位	T₆′—T₆ 之间见有前积反射结构,顶超特征明显	沙三段下亚段底部稳定发育的油页岩集中段	沙三段下亚段与沙四段上亚段界面
T₇	2 个较强的同相轴	高频、高振幅、连续性好	灰质、白云质泥岩底界的反射	沙四段上亚段与沙四段下亚段界面
T₈	由 2~3 个弱相位组成	连续性较差	红色河流相沉积	沙四段与孔店组界面
T_R	由 2~3 个相位组成	高频、强振幅、连续性好	不整合面	新生界与下伏地层界面

注:T₁、T_R 是一级层序界面,T₂′、T₆′、T₈ 为古近系的三个二级层序界面,T₃、T₂、T₄、T₆、T₇ 为三级层序界面

三级界面所限定的充填体是受同一构造演化阶段或亚阶段控制的、具区域性湖进-湖退的地层旋回性,属于高分辨率层序地层学所划分的长期旋回层序。在陡坡边缘地带,地层的削蚀现象比较明显,层序界面在地震上比较容易识别和追踪。沙四段上亚段的顶底分别对应着 T₆′和 T₇ 地震反射界面(图 7-1,图 7-2)。

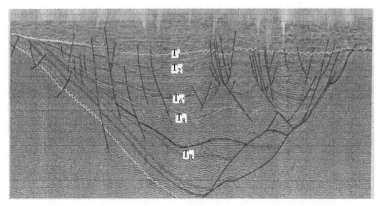

图 7-1　东营凹陷地震层序界面特征(据胜利油田胜利采油厂)

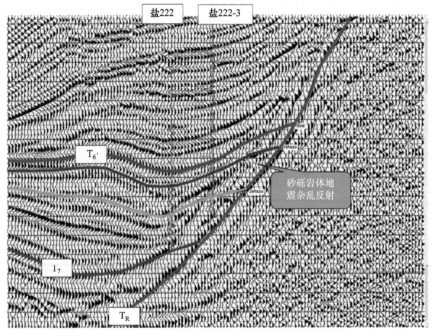

图 7-2　盐家-永安地区盐 222 井—盐 222-3 井连井地震层序界面特征(据胜利油田东辛采油厂)

四、湖泛面识别

湖泛面指基准面上升达到高点位置时由湖泛作用所形成的弱补偿或欠补偿沉积界面,通常发育在层序(三级层序)的内部,具有很重要的等时对比意义。利用测井曲线和岩心资料能够非常清晰地识别出不同级别基准面旋回中的湖泛面。在测井曲线上表现为低密度、低电阻、低电位和高伽马、高声波时差的"两高三低"的特征。在岩心中表现为下粗上细的层序顶部的泥岩段或大套厚层纯泥岩段的中部,后者通常为最大湖泛面,其在平面上分布较广,是较深水环境下沉积的产物。

从坨 125 井的录井、测井特征看,湖泛面特征非常明显,初始湖泛面位于沙四段上亚段中部,为厚层砂砾岩中较为稳定的泥岩层,SP 曲线为高值平直段,电阻率曲线为低值平直段(图 7-3)。

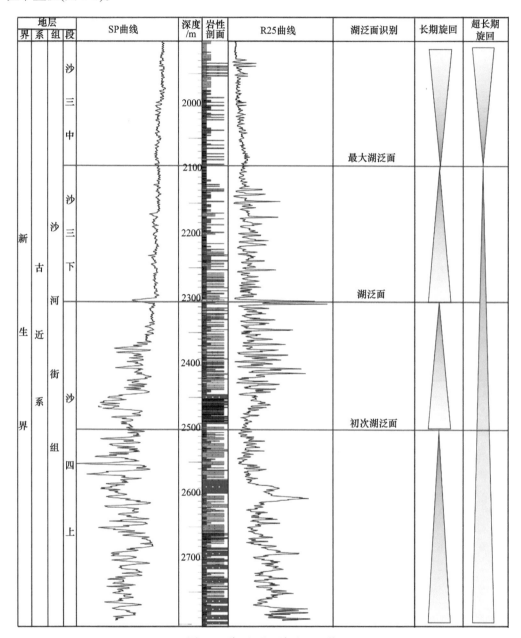

图 7-3　湖泛面识别(坨 125 井)

五、层序地层模式

要概况一个地区的层序地层模式,首先应该从盆地的形成和演化的角度来考虑与构造运动相关的层序地层特征。东营凹陷从侏罗纪到新近纪经历了早、中侏罗世的挤压作用,晚侏罗世—早白垩世和古近纪的裂陷作用以及新近纪的拗陷作用。在裂陷运动作用下盆地形成并开始接受沉积,因此从构造运动角度将古近系—第四系划分为两个一级旋回(SSLSC$_1$ 和 SSLSC$_2$)，对应两个构造层序(TC$_1$ 和 TC$_2$)。根据裂陷期的构造运动幕特征，划分为 6 个二级旋回，对应 6 个层序组。根据 Cross 高分辨率层序地层学的基准面旋回理论，结合地层地震相、测井相、地质相分析，将其划分为 15 个长期基准面旋回(三级旋回)，对应 15 个三级层序。各旋回与地层的对应关系如图 7-4 所示。

时代	岩石地层 组	段	亚段	一级 旋回	一级 构造层序	二级 旋回	二级 层序组	三级 旋回	三级 层序	地震反射面界	年龄/Ma	分期	裂陷幕	湖平面升降 升 降
N$_2$	明化镇组			SSLSC$_2$	TC$_2$	SLSC$_6$	SQS$_6$	LSC$_{15}$	SQ$_{15}$	T$_0$	5.1	裂后期	沉降加速	
N$_1$	馆陶组					SLSC$_5$	SQS$_5$	LSC$_{14}$	SQ$_{14}$	T$_1$	24.5	裂后期	热回沉	
E$_3$	东营组	一段		SSLSC$_1$	TC$_1$	SLSC$_4$	SQS$_4$	LSC$_{13}$	SQ$_{13}$			裂陷期	裂陷Ⅳ幕	
		二段						LSC$_{12}$	SQ$_{12}$					
		三段						LSC$_{11}$	SQ$_{11}$					
	沙河街组	沙一段						LSC$_{10}$	SQ$_{10}$	T$_2$ T$_2'$	38.0			
		沙二段	上			SLSC$_3$	SQS$_3$	LSC$_9$	SQ$_9$	T$_2'$ T$_3$			裂陷Ⅲ幕	
			下					LSC$_8$	SQ$_8$					
		沙三段	上					LSC$_7$	SQ$_7$	T$_4$	42.0			
			中											
E$_2$			下					LSC$_6$	SQ$_6$	T$_6$ T$_6'$				
	孔店组	沙四段	上			SLSC$_2$	SQS$_2$	LSC$_5$	SQ$_5$				裂陷Ⅱ幕	
			下							T$_7$				
		孔一段				SLSC$_1$	SQS$_1$	LSC$_4$	SQ$_4$	T$_8$	50.4			
		孔二段						LSC$_3$	SQ$_3$		54.4		裂陷Ⅰ幕	
E$_1$								LSC$_2$	SQ$_2$					
		孔三段						LSC$_1$	SQ$_1$	T$_R$	65.0			

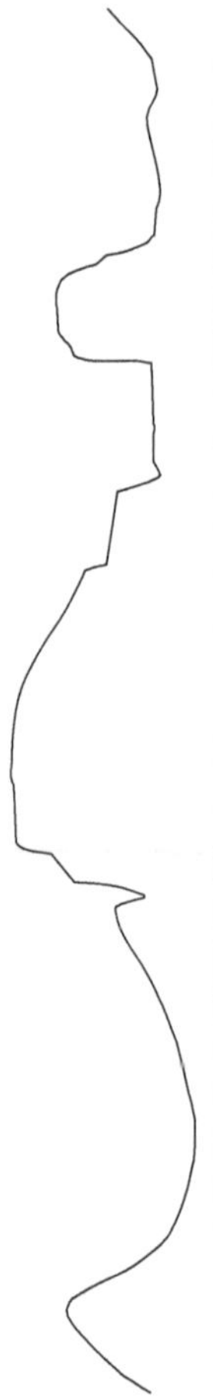

图 7-4 东营凹陷北坡层序地层划分

体系域同层序一样，也可以分为不同的级别。三级层序下的体系域可作为常规意义上的体系域。从盆地构造演化角度，一级构造层序下也可以划分出构造低位域、构造湖侵域和构造高位域三个构造体系域。构造体系域的划分有利于表示整个盆地的沉积演化过程和沉积体系的展布特征。

东营凹陷开始接受沉积的初期，在断折带发育的陡坡上，湖平面持续下降到最低点后随即又开始上升(孔店组—沙四段沉积时期)，这一期间的沉积物以河流、冲积扇和扇三角洲沉积为主，称为构造低位域。随后湖平面不断上升至一个层序中的最大湖泛面(沙三段沉积时期)，这期间所沉积的湖相沉积物及与之对应的其他沉积体称为构造湖侵域，主要发育扇三角洲、近岸水下扇和浊积扇等扇体；湖平面到达最大湖泛面以后，沉积物供给量的增大或其他因素造成相对湖平面不断下降，这期间所沉积的所有沉积体称为构造高位域，主要发育三角洲和河流体系(图7-5)。

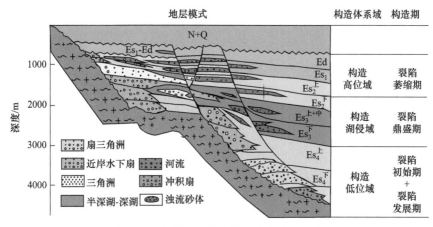

图 7-5　东营凹陷北坡层序地层发育模式

第二节　坳陷湖盆重力流层序地层模式

　　Wagoner等于1990年基于大量实例总结出的 I 型层序的层序地层学模式是典型的坡折带背景下的层序地层格架模式。其中所总结的层序内各级界面特征、体系域构成为开展坡折带对层序地层格架的控制作用研究提供了有益借鉴(图7-6)。

　　坡折带内部同沉积断裂下降盘形成的槽道和断坑、下切谷、伸展褶皱等负向地貌对块体流的分布和外部形态起到了重要的控制作用。简单斜坡主要发育湖底扇和母子扇沉积，块体流的滑动距离与坡度成正比。断坑重力流主要分布在同沉积断裂的下降盘，平行湖岸线呈带状展布。非扇形槽谷重力流具有狭长、平直的特点，砂体走向与湖岸线斜交，坡折带背景下与湖岸线斜交的下切谷、同沉积断裂的下降盘和伸展褶皱是形成槽谷重力流的主控因素。

　　坡折带是重力流卸载的重要场所，重力流的滑动距离与坡度密切相关；以砂质碎屑流为主、混杂少量滑动岩和滑塌岩的块体搬运体是松辽盆地重力流的主要类型，具有分布广泛、单层厚度大的特点，是深水重力流勘探的主要对象；深水区浊积岩也极为常见，但层薄、物性较差，勘探价值不高；坡折带-沟谷体系等负向地貌对块体流的外部形态具有重要的控制作用，二者的有机配置形成了湖底扇、母子扇、断坑和条带状槽谷等多种形态的块体流。

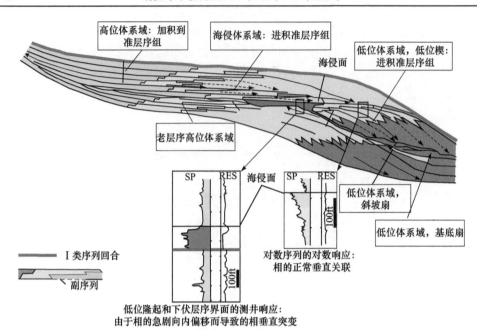

图 7-6　拗陷湖盆重力流层序地层模式(Van Wagoner et al.，1988)

RES 为电阻率测井。1ft=0.3048m

参 考 文 献

操应长, 杨田, 王艳忠, 等. 2017a. 超临界沉积物重力流形成演化及特征[J]. 石油学报, 38(6): 607-621.

操应长, 张青青, 王艳忠, 等. 2017b. 东营凹陷沙三中亚段三角洲前缘滑塌型重力流岩相类型及其分布特征[J]. 沉积与特提斯地质, 37(1): 9-17.

陈飞, 胡光义, 孙立春, 等. 2012. 鄂尔多斯盆地富县地区上三叠统延长组砂质碎屑流沉积特征及其油气勘探意义[J]. 沉积学报, 30(6): 1042-1052.

陈广坡, 李娟, 吴海波, 等. 2018. 陆相断陷湖盆滑塌型深水重力流沉积特征、识别标志及形成机制——来自海拉尔盆地东明凹陷明 D2 井全井段连续取心的证据[J]. 石油学报, 39(10): 1119-1129.

陈茂山. 1999. 测井资料的两种深度域频谱分析方法及在层序地层学研究中的应用[J]. 石油地球物理勘探, 34(1): 57-64.

陈世悦, 张顺, 刘惠民, 等. 2017. 湖相深水细粒物质的混合沉积作用探讨[J]. 古地理学报, 19(2): 271-284.

邓秀芹. 2011. 鄂尔多斯盆地三叠系延长组超低渗透大型岩性油藏成藏机理研究[D]. 西安: 西北大学.

董荣鑫, 苏美珍. 1985. 近岸水下冲积扇相特征及实例[J]. 石油实验地质, 7(4): 294-302.

耳闯, 顾家裕, 牛嘉玉, 等. 2010. 重力驱动作用——滦平盆地下白垩统西瓜园组沉积时期主要的搬运机制[J]. 地质论评, 56(3): 312-320.

付锁堂, 邓秀芹, 庞锦莲. 2010. 晚三叠世鄂尔多斯盆地湖盆沉积中心厚层砂体特征及形成机制分析[J]. 沉积学报, 28(6): 1081-1089.

傅强, 李璟, 邓秀琴, 等. 2019. 沉积事件对深水沉积过程的影响——以鄂尔多斯盆地华庆地区长 6 油层组为例[J]. 岩性油气藏, 31(1): 20-29.

傅文敏. 1998. 高密度浊流还是砂质碎屑流[J]. 岩相古地理, 18(2): 63-70.

高红灿, 郑荣才, 魏钦廉, 等. 2012. 碎屑流与浊流的流体性质及沉积特征研究进展[J]. 地球科学进展, 27(8): 815-827.

高山. 2017. 鄂尔多斯盆地彬长地区长 7 段深水沉积特征及储层分布规律[D]. 成都: 成都理工大学.

郭雪娇. 2011. 车镇凹陷北陷北带古近系砂砾岩体沉积特征及其有效性研究[D]. 青岛: 中国石油大学(华东).

贾振远. 1990. 重力流的运动特点和类型[J]. 地球科学, 15(1): 110-116.

李存磊, 任伟伟, 闫伟, 等. 2011. 基于统计学与专家系统的测井相自动识别[J]. 地球物理学进展, 26(4): 1400-1408.

李存磊, 唐明明, 任伟伟. 2012. 流体性质转换理论在重力流沉积体系分析中的应用初探[J]. 地质论评, 58(2): 285-296.

李存磊, 谢俊, 陈盼盼, 等. 2014. 吉林大情字井地区三角洲体系高分辨率层序地层模式研究[J]. 地层学杂志, 38(3): 355-362.

李存磊, 左晓春, 王玲玲. 2018. 基于沉积实验的重力流沉积体系分布特征分析[J]. 沉积学报, 37(1): 89-96.

李汉瑜. 1979. 国外对于浊流沉积的认识与研究[J]. 地质地球化学, (7): 1-15.

李华, 何幼斌, 冯斌, 等. 2018. 鄂尔多斯盆地西缘奥陶系拉什仲组深水水道沉积类型及演化[J]. 地球科学, 43(6): 2149-2159.

李继亮, 陈昌明, 高文学, 等. 1978. 我国几个地区浊积岩系的特征[J]. 地质科学, 13(1): 26-44.

李景哲. 2013. 伊通盆地莫里青油藏双二段高分辨率层序地层研究[D]. 青岛: 中国海洋大学.

李林, 曲永强, 孟庆任, 等. 2011. 重力流沉积: 理论研究与野外识别[J]. 沉积学报, (4): 677-688.

李相博, 刘化清, 陈启林, 等. 2010. 大型坳陷湖盆沉积坡折带特征及其对砂体与油气的控制作用——以鄂尔多斯盆地三叠系延长组为例[J]. 沉积学报, 28(4): 717-729.

李相博, 付金华, 陈启林, 等. 2011. 砂质碎屑流概念及其在鄂尔多斯盆地延长组深水沉积研究中的应用[J]. 地球科学进展, 26(3): 286-294.

李相博, 卫平生, 刘化清, 等. 2013. 浅谈沉积物重力流分类与深水沉积模式[J]. 地质论评, 59(4): 607-614.

李云, 郑荣才, 高博禹, 等. 2011a. 珠江口盆地白云凹陷渐新世/中新世地质事件的碎屑组分响应[J]. 现代地质, 25(3): 476-481.

李云, 郑荣才, 朱国庆, 等. 2011b. 珠江口盆地荔湾 3-1 气田珠江组深水扇沉积相分析[J]. 沉积学报, 29(4): 665-676.

廖纪佳, 朱筱敏, 邓秀芹, 等. 2013. 鄂尔多斯盆地陇东地区延长组重力流沉积特征及其模式[J]. 地学前缘, 20(2): 29-39.

林壬子, 张金亮. 1996. 陆相储层沉积学进展. 北京: 石油工业出版社.

刘磊, 陈洪德, 钟怡江, 等. 2017. 渤海湾盆地辽东湾坳陷古近系沙一段、沙二段重力流沉积及其油气勘探意义[J]. 古地理学报, 19(5): 807-818.

刘营. 2017. 南堡凹陷隐蔽油气藏识别及分布规律研究[D]. 北京: 中国地质大学(北京).

刘忠保, 张春生, 龚文平, 等. 2008. 牵引流砂质载荷沿陡坡滑动形成砂质碎屑流沉积模拟研究[J]. 石油天然气学报, 30(6): 30-38.

隆山, 李培俊. 2000. 岩心扫描刻度重力流沉积环境下的 FMI 图像及其应用[J]. 测井技术, 24(6): 433-436.

路智勇. 2012. 济阳坳陷东营凹陷陡坡带盐 18 地区重力流沉积特征与沉积模式[J]. 天然气地球科学, 23(3): 420-429.

马钰凯, 孙永河, 马妍, 等. 2020. 渤海湾盆地歧口凹陷构造演化及断裂带成因[J]. 石油学报, 41(5): 526-539.

倪晋仁, 廖谦, 曲轶众. 2000. 阵型泥石流运动与堆积的欧拉-拉格朗日模型[J]. 自然灾害学报, 9(3): 8-14.

钱宁, 王兆印. 1984. 泥石流运动机理的初步探讨[J]. 地理学报, 39(1): 33-43.

沈凤, 张金亮. 1992. 海拉尔盆地乌尔逊凹陷上侏罗统大磨拐河组障壁砂坝和斜坡裙沉积[J], 石油实验地质, 14(2): 204-212.

石宁, 张金亮. 2008. 断块油藏开发后期精细构造研究[J]. 特种油气藏, 15(6): 24-26.

宋明水, 李存磊, 张金亮. 2012. 东营凹陷盐家地区砂砾岩体沉积期次精细划分与对比[J]. 石油学报, 33(5): 781-789.

宋明水, 向奎, 张宇, 等. 2017. 泥质重力流沉积研究进展及其页岩油气地质意义——以东营凹陷古近系沙河街组三段为例[J]. 沉积学报, 35(4): 740-751.

孙龙德, 方朝亮, 李峰, 等. 2010. 中国沉积盆地油气勘探开发实践与沉积学研究进展[J]. 石油勘探与开发, 37(4): 385-396.

孙永传. 1980. 水下冲积扇——一个找油的新领域[J].石油实验地质, 2(3): 32-41.

王德坪. 1991. 湖相内成碎屑流的沉积及形成机理[J]. 地质学报, (4): 299-316.

王华, 周立宏, 韩国猛, 等. 2018. 陆相湖盆大型重力流发育的成因机制及其优质储层特征研究——以歧口凹陷沙河街组一段为例[J]. 地球科学, 43(10): 3423-3444.

王星星, 王英民, 高胜美. 2018. 深水重力流模拟研究进展及对海洋油气开发的启示[J]. 中国矿业大学学报, 47(3): 588-602.

王兆印, 钱宁. 1984. 高浓度泥沙悬浮液物理特性的实验研究[J]. 水利学报, (4): 1-10.

王兆印, 任裕民, 王兴奎. 1992. 宾汉体泥浆湍流的结构特征[J]. 水利学报, (12): 9-17.

王志刚. 2003. 东营凹陷北部陡坡构造岩相带油气成藏模式[J]. 石油勘探与开发, 30(4): 10-12.

吴崇筠. 1986. 湖盆砂体类型[J]. 沉积学报, 4(4): 1-27.

吴春, 孔祥荣, 苑洪瑞, 等. 2005. 成像数据对常规测井的刻度[J]. 特种油气藏, 12(4): 28-29.

吴文圣. 2000. 地层微电阻率成像测井的地质应用[J]. 中国海上油气地质, 6: 438-441.

吴文圣, 陈钢花, 王中文, 等. 2000. 用地层微电阻率扫描成像测井识别沉积构造特征[J]. 测井技术, 24(1): 60-63.

鲜本忠, 万锦峰, 姜在兴, 等. 2012. 断陷湖盆洼陷带重力流沉积特征与模式——以南堡凹陷东部东营组为例[J]. 地学前缘, 19(1): 121-135.

徐怀大, 王世凤, 陈开远. 1990. 地震地层学解释基础[M]. 武汉: 中国地质大学出版社.

徐凯, 孙昕, 余伟宾. 2017. 入流泥沙粒径组成对弱分层水体异重流及挟沙特性的影响[J]. 水利水电技术, 48(6): 112-119.

杨仁超, 何治亮, 邱桂强, 等. 2014. 鄂尔多斯盆地南部晚三叠世重力流沉积体系[J]. 石油勘探与开发, 41(6): 661-670.

杨仁超, 金之钧, 孙冬胜, 等. 2015. 鄂尔多斯晚三叠世湖盆异重流沉积新发现[J]. 沉积学报, 33(1): 10-20.

杨仁超, 尹伟, 樊爱萍, 等. 2017. 鄂尔多斯盆地南部三叠系延长组湖相重力流沉积细粒岩及其油气地质意义[J]. 古地理学报, 19(5): 791-806.

杨仁超, 韩作振, 樊爱萍, 等. 2018. 重力流沉积细粒岩及其油气地质意义[C]//第十五届全国古地理学及沉积学学术会议摘要集. 成都: 第十五届全国古地理学及沉积学学术会议.

杨文采. 2014. 从地壳上地幔构造看大陆岩石圈伸展与裂解[J]. 地质论评, 60(5): 945-961.

尤征, 杜旭东, 侯会军, 等. 2000. 成像测井解释模式探讨[J]. 测井技术, 24(5): 393-398.

余斌. 2008. 粘性泥石流的平均运动速度研究[J]. 地球科学进展, 23(5): 524-532.

袁静, 梁绘媛, 梁兵, 等. 2016. 湖相重力流沉积特征及发育模式——以苏北盆地高邮凹陷深凹带戴南组为例[J]. 石油学报, 37(3): 348-359.

袁静, 钟剑辉, 宋明水, 等. 2018. 沾化凹陷孤岛西部斜坡带沙三段重力流沉积特征与源-汇体系[J]. 沉积学报, 36(3): 542-556.

袁圣强, 吴时国, 赵宗举, 等. 2010. 南海北部陆坡深水区沉积物输送模式探讨[J]. 海洋地质与第四纪地质, 30(4): 39-48.

曾洪流, 张万选, 张厚福. 1988. 廊固凹陷沙三段主要沉积体的地震相和沉积相特征[J]. 石油学报, 9(2): 12-18.

张家烨. 2018. 深水沉积研究进展与未来发展趋势[J]. 内蒙古石油化工, 44(5): 104-107.

张金亮, 谢俊. 2008. 储层沉积相[M]. 北京: 石油工业出版社.

张景军, 李凯强, 王群会, 等. 2017. 渤海湾盆地南堡凹陷古近系重力流沉积特征及模式[J]. 沉积学报, 35(6): 1241-1253.

张萌, 田景春. 1999. "近岸水下扇"的命名、特征及其储集性[J]. 岩相古地理, (4): 43-53.

赵健, 张光亚, 李志, 等. 2018. 东非鲁武马盆地始新统超深水重力流砂岩储层特征及成因[J]. 地学前缘, 25(2): 83-91.

郑荣才, 李云, 戴朝成, 等. 2012. 白云凹陷珠江组深水扇砂质碎屑流沉积学特征[J]. 吉林大学学报(地球科学版), 42(6): 1581-1589.

周立宏, 陈长伟, 韩国猛, 等. 2018. 断陷湖盆异重流沉积特征与分布模式——以歧口凹陷板桥斜坡沙一下亚段为例[J]. 中国石油勘探, 23(4): 11-20.

周学文, 姜在兴, 汤望新, 等. 2018. 牛庄洼陷沙三中亚段三角洲——重力流体系沉积特征与模式[J]. 沉积学报, 36(2): 376-389.

朱国新, 刘希圣, 丁岗. 1988. 固相浓度对固相颗粒在液相中运动规律影响的实验研究[J]. 华东石油学

院学报(自然科学版), (1): 35-44

朱筱敏, 谈明轩, 董艳蕾, 等. 2019. 当今沉积学研究热点讨论——第 20 届国际沉积学大会评述[J]. 沉积学报, 37(1): 1-16.

邹才能, 陶士振, 袁选俊, 等. 2009a. 连续型油气藏形成条件与分布特征[J]. 石油学报, 30(3): 324-331.

邹才能, 赵政璋, 杨华, 等. 2009b. 陆相湖盆深水砂质碎屑流成因机制与分布特征——以鄂尔多斯盆地为例[J]. 沉积学报, 27(6): 1065-1075.

Allen J R L. 1970. Physical Processes of Sedimentation[M]. New York: Elsevier.

Allen J R L. 2000. Late Flandrian (Holocene) tidal palaeochannels, Gwent Levels (Severn Estuary), SW Britain: character, evolution and relation to shore[J]. Marine Geology, 162(2): 353-380.

Ansari T M, Marr I L, Coats A M. 2001. Characterisation of mineralogical forms of barium and trace heavy metal impurities in commercial barytes by EPMA, XRD and ICP-MS[J]. Journal of Environmental Monitoring, 3(1): 133-138.

Arnott R W C, Hand B M. 1989. Bedforms, primary structures and grain fabric in the presence of suspended sediment rain[J]. Journal of Sedimentary Research, 59(6): 1062-1069.

Bagnold R A. 1954. Experiments on a gravity free dispersion of large solid spheres in a Newtonian fluid under shear[J]. Proceedings of the Royal Society of London (A), 225(1160): 49-63.

Bagnold R A. 1968. Depodition in the process of hydraulic transport[J]. Sedimentology, 10(1): 45-56.

Benson B E, Clague J J, Grimm K A. 1999. Relative sea-level change inferred from intertidal sediments beneath marshes on Vancouver Island, British Columbia[J]. Quaternary International, 60(1): 49-54.

Beverage J P, Culbertson J K. 1964. Hyperconcentration of suspended sediment[J]. American Society of Civil Engineers, Proceedings Journal of the Hydraulics Division, 90(6): 117-128.

Bouma A H. 2001. Fine-grained submarine fans as possible recorders of long- and short-term climatic changes[J]. Global and Planetary Change, 28(1): 85-91.

Bouma A H, Brouwer A. 1964. Developments in Sedimentology: Turbidites[R]. Leyden: Geological Institute State University Leyden the Netherlands: 247-256.

Bouma A H, Kuenen P H, Shepard F P. 1962. Sedimentology of Some Flysch Deposits: a Graphic Approach to Facies Interpretation[M]. New York: Elsevier.

Chen P P, Fang N Q, Li C L, et al. 2017. A method for the division of the conglomerate depositional cycle under Milankovitch cycles[J]. Journal of Geophysics and Engineering, 14(3): 611-620.

Chough S K, Hesse R. 1985. Contourites from the Eirik Ridge, South of Greenland[J]. Sedimentary Geology, 41(2): 185-199.

Clark J D, Pickering K T. 1996. Submarine Channels: Processes and Architecture[M]. Cambridge: Cambridge University Press.

Coleman J M, Garrison L E. 1977. Geological aspects of marine slope stability, northwestern Gulf of Mexico[J]. Marine Geology, 2(1-4): 9-44.

Curray J R, Moore D G. 1971. Growth of the Bengal deep-sea fan and denudation in the Himalayas[J]. Geological Society of America Bulletin, 82: 563-572.

De Blasio F V, Elverhoi A, Issler D, et al. 2005. On the dynamics of subaqueous clay rich gravity mass flows-the giant Storegga slide, Norway[J]. Marine and Petroleum Geology, 22(1/2): 179-186.

Dott Jr R H. 1963. Dynamics of subaqueous gravity depositional processes[J]. AAPG Bulletin, 47: 104-128.

Duranti D, Hurst A. 2004. Fluidization and injection in the deep-water sandstones of the Eocene Alba Formation (UK North Sea)[J]. Sedimentology, 51(3): 503-529.

Dzulynski S, Sanders J E. 1962. Current marks on firm mud Bottoms[J]. Connecticut Academy of Arts and Science,Transactions, 42: 57-96.

Elverhoi A, Breien H, De Blasio F V, et al. 2010. Submarine landslides and the importance of the initial sediment composition for run-out length and final deposit[J]. Ocean Dynamics, 60(4): 1027-1046.

Famakinwa S B, Shanmugam G. 1998. Orderliness in the midst of chaos: prediction of deep-water reservoir facies in a slump and debris-flow dominated system, Equatorial Guinea[J]. AAPG Annual Convention Extended Abstracts, 2: 192.

Feeley K. 2007. Triggering mechanisms of submarine landslides[D]. Boston: Northeastern University.

Felix M, Peakall J. 2006. Transformation of debris flows into turbidity currents: mechanisms inferred from laboratory experiments[J]. Sedimentology, 53(1): 107-123.

Fisher R V. 1971. Features of coarse-grained, high-concentration fluids and their deposits[J]. Journal of Sedimentary Petrology, 41: 916-927.

Fisher R V. 1979. Models for pyroclastic surges and pyroclastic flows[J]. Journal of Volcanology and Geothermal Rrsearch, 6(3-4): 305-318.

Fisher R V. 1983. Flow transformations in sediment gravity flows[J]. Geology, 11: 273-274.

French R M, Wilson D J. 1980. Fluid mechanics-foam flotation interactions[J]. Separation Science and Technology, 15(5): 1213-1227.

Gaudin M, Mulder T, Cirac P, et al. 2006. Past and present sedimentary activity in the Capbreton Canyon, southern Bay of Biscay[J]. Geo-Marine Letters, 26(6): 331-345.

Gore R H. 1992. The Guff of Mexico[M]. Sarasota: Pineapple Press.

Gorsline D S, Emery K O. 1959. Turbidity-current deposits in san pedro and santa monica basins off southern California [J]. GSA Bulletin, 70(3): 279-290.

Hampton M A. 1972. The role of subaqueous debris flow in generating turbidity currents[J]. Journal of Sedimentary Research, 42(4): 775-793.

Hampton M A. 1975. Competence of fine-grained debris flows[J]. Journal of Sedimentary Petrology, 45: 834-844.

Hampton M A, Bouma A H, Torresan M E, et al. 1978. Analysis of microtextures on quartz sand grains from lower Cook Inlet, Alaska[J]. Geology, 6(2): 105-110.

Harbitz C B, Parker G, Elverhoi A, et al. 2003. Hydroplaning of subaqueous debris flows and glide blocks: analytical solutions and discussion[J]. Journal of Geophusical Research, 108(B7): 2349.

Harms J C, Fahnestock R K. 1965. Stratification, bed forms, and flow phenomena(with an example from the rio grande)[J]. SEPM Special Publication,12: 1-20.

Hasegawa H, Kubo T, Ito M. 2008. Spatial and temporal variations in geometry and lithofacies organization of sediment-gravity-flow deposits from bed-by-bed correlation of the Lower Pleistocene Otadai Formation on the Boso Peninsula, Japan[C]. Kyoto: Meeting of the Geological Society of Japan.

Hathway B. 1995. Deposition and diagenesis of Miocene arc-fringing platform and debris-apron carbonates, southwestern Viti Levu, Fiji[J]. Sedimentary Geology, 94(3): 187-208.

Haughton P, Davis C, McCaffrey W, et al. 2009. Hybrid sediment gravity flow deposits-Classification, origin and significance[J]. Marine and Petroleum Geology, 26(10): 1900-1918.

Heron D P L, Craig J, Etienne J L. 2009. Ancient glaciations and hydrocarbon accumulations in North Africa and the Middle East[J]. Earth Science Reviews, 93(3): 47-76.

Hesse R, Schacht U. 2011. Earth diagenesis of deep-sea sediments[M]//Huneke H, Mulder T. Deep-sea Sediments, Developments in Sedimentology 63. New York: Elsevier.

Hinz B, Daebeler F. 1974. Untersuchungen zur Anfalligkeit verschiedener Getreidearten und-sorten gegenuber Getreideblattlausen[J]. Archives of Phytopathology and Plant Protection, 10(5): 341-346.

Ineson J R. 1989. Coarse-grained submarine fan and slope apron deposits in a Cretaceous back-arc basin,

Antarctica[J]. Sedimentology, 36(5): 793-819.

Jobe Z R, Lowe D R, Uchytil S J. 2010. Two fundamentally different types of submarine canyons along the continental margin of Equatorial Guinea[J]. Marine and Petroleum Geology, 28(3): 843-860.

Komar P D. 1969. The channelized flow of turbidity currents with application to Monterey Deep-Sea Fan Channel[J]. Journal of Geophysical Research, 74(18): 4544-4558.

Komar P D. 1971a. Hydraulic jumps in turbidity currents[J]. GSA Bulletin, 82(6): 1477-1488.

Komar P D. 1971b. Nearshore cell circulation and the formation of giant cusps[J]. GSA Bulletin, 82(9): 2643-2650.

Kruit C, Brouwer J, Knox G, et al. 1975. Une excursion aux cnes d'alluvions en eau profonde d'ge tertiaire près de San Sebastian (Province de Guipuzcoa, Espagne)[C]. Nice: 9th International Congress of Sedimentology.

Kuenen P H. 1951. Mechanics of varve formation and the action of turbidity currents[J]. GFF, 73(1): 69-84.

Kuenen P H. 1952. Estimated size of the Grand Banks Turbidity Current[J]. American Journal of Science, 250(12): 874-884.

Kuenen P H. 1966. Experimental turbidite lamination in a circular flume[J]. Journal of Geology, 74: 523-545.

Kuenen P H, Menard H W. 1952. Turbidity currents, graded and non-graded deposits[J]. Journal of Sedimentary Research, 22(2): 83-96.

Kuenen P H, Migliorini C I. 1950. Turbidity currents as a cause of graded bedding[J]. The Journal of Geology, 58(2): 91-127.

Lanier W P, Lowe D R. 1982. Sedimentology of the Middle Marker (3.4 Ga), Onverwacht Group, Transvaal, South Africa[J]. Precambrian Research, 18(3): 237-260.

Lardeaux J M, Schwartz S, Tricart P, et al. 2006. A crustal-scale cross-section of the south-western Alps combining geophysical and geological imagery[J]. Terra Nova, 18(6): 412-422.

Lee S E, Talling P J, Ernst G G J, et al. 2002. Occurrence and origin of submarine plunge pools at the base of the US continental slope[J]. Marine Geology, 185(3): 363-377.

Li C L, Chen P P, Zhang J L. 2015. Application of imaging logging in reservoir geological research[J]. Journal of Geophysics and Engineering, 12: 820-829.

Li C L, Chen P P, Liu J M, et al. 2016. Coarse-grained lacustrine slope apron deposits in the Moliqing Area, Yitong Basin, Northeast China[J]. Acta Geologica Sinica (English Edition), 90(5): 1809-1820.

Li C L, Chen P P, Fang N Q, et al. 2018. Stratum development characteristics and sedimentary evolution model of the second member of Shuangyang formation in Moliqing area, Yitong Fault Basin[J]. Journal of Petroleum Science and Engineering, 160: 24-34.

Lowe D R. 1979. Sediment gravity flows: their classification, and some problems of applications to natural flows and deposits[J]. Society of Economic Paleontologists and Mineralogists Special Publication, 27: 75-82.

Lowe D R. 1982. Sediment-gravity flows, II: depositional models with special reference to the deposits of high-density turbidity currents[J]. Journal of Sedimentary Petrology, 52(1): 279-297.

Marr J G, Harff P A, Shanmugam G, et al. 2001. Experiments on subaqueous sandy gravity flows: the role of clay and water content in flow dynamics and depositional structures[J]. Geological Society of America Bulletin, 113(11): 1377-1386.

Masson D G, Harbitz C B, Wynn R B, et al. 2006. Submarine landslides: processes, triggers, and hazard prevention[J]. Philosophical Transactions of the Royal Society, 364(1845): 2009-2039.

Middleton G V. 1967. Experiments on density and turbidity currents: III. Deposition of sediment[J]. Canadian Journal of Earth Sciences, 4(3): 475-505.

Middleton G V. 1970. Experimental studies related to problems of flysch sedimentation[J]. Flysch Sedimentology in North America, 7: 253-272.

Middleton G V. 1973. Sedimentary Structures of Ephemeral Streams[M]. New York: Elsevier.

Middleton G V. 1993. Sediment deposition from turbidity currents[J]. Annual Review Earth Planetary Sciences, 21: 89-114.

Middleton G V, Hampton M A. 1973. Sediment gravity flows: mechanics of flow and deposition[J]. Turbidites and Deep Water Sedimentation, 2: 1-3.

Mitchell J G, Rands P N, Ineson P R. 1989. Perturbation of the K-Ar age system in the Cleveland dyke, U.K.: evidence of an Early Eocene age for barite mineralisation in the Magnesian Limestone of County Durham[J]. Chemical Geology: Isotope Geoscience Section, 79(1): 49-64.

Morgenstern N R. 1967. Submarine slumping and the initiation of turbidity currents[M]//Richards A F. Marine Geotecnnique. Urbana: University of Ilinois Press: 189-220.

Morgenstern N R, Tchalenko J S. 1967. Microscopic structures in Kaolin Subjected to Direct Shear[J]. Géotechnique, 17(4): 309-328.

Mulder T, Alexander J. 2001. The physical character of subaqueous sedimentary density flows and their deposits[J]. Sedimentology, 48(2): 269-299.

Mulder T, Cochonat P. 1996. Classification of offshore mass movements[J]. Journal of Sedimentary Research, 66: 43-57.

Nardin T R, Edwards B D, Gorsline D S. 1979a. Santa Cruz Basin, California Borderland: dominance of slope processes in basin sedimentation[J]. Society of Economic Paleontologists and Mineralogists Special Publication, 27: 209-222.

Nardin T R, Hein F J, Gorsline D S, et al. 1979b. A review of mass movement processes, sediment and acoustic characteristics, and contrasts in slope and base-of-slope systems vs. canyon-fan-basin floor systems[J]. Geology of Continental Slopes, 27: 61-73.

Nath B, Berner Z, Mallik S B, et al. 2005. Characterization of aquifers conducting groundwaters with low and high arsenic concentrations: a comparative case study from West Bengal, India[J]. Mineralogical Magazine, 69(5): 841-854.

Parker G, Paola C, Whiple K X, et al. 1998a. Alluvial Fans Formed by Channelized Fluvial and Sheet Flow. I: theory[J]. Journal of Hydraulic Engineering, 124(10): 985-995.

Parker G, Paola C, Whiple K X, et al. 1998b. Alluvial fans formed by channelized fluvial and sheet flow. II: application[J]. Journal of Hydraulic Engineering, 124(10): 996-1004.

Pickering K T, Hiscott R N, Hein F J. 1989. Deep-Marine Environments[M]. London: Unwin Hyman.

Pierson T C, Costa H E. 1987. A rheologic classification of subaerial sediment-water flows[J]. Geological Society of America Reviews in Engineering Geology, 7(4): 1-12.

Pierson T C, Scott K M. 1985. Downstream dilution of a lahar: transition from debris flow to hyperconcentrated streamflow[J]. Water Resources Research, 21(10): 1511-1524.

Rajabi M, Sherkati S, Bohloli B, et al. 2010. Subsurface fracture analysis and determination of in-situ stress direction using FMI logs: an example from the Santonian carbonates (Ilam Formation) in the Abadan Plain, Iran[J]. Tectonophysics, 492(1): 192-200.

Ravenne C, Beghin P. 1983. Apport des expériences en canal à l'interprétation sédimentologique des dépôts de cônes détritiques sous-marins[J]. Revue de l'Institut Français du Pétrole, 38(3): 279-297.

Richet P, Lejeune A M, Holtz F, et al. 1995. Water and the viscosity of andesite melts[J]. Chemical Geology, 128(1): 185-197.

Rodriguez A B, Anderson J B. 2010. Contourite origin for shelf and upper slope sand sheet, offshore

Antarctica[J]. Sedimentology, 51(4): 699-711.

Sanders J E. 1965. Primary sedimentary structures formed by turbidity currents and related resedimentation mechanisms[J]. Society of Economic Paleontologists and Mineralogists Special Publication, 12: 192-289.

Seibold E, Hinz K. 1974. Continental slope construction and destruction, West Africa[M]//Burk C A, Drake C L. The Geology of Continental Margins. New York: Springer-Verlag: 179-196.

Shanmugam G. 1996a. High-density turbidity currents: are they sandy debris flows[J]. Journal of Sedimentary Research, 66(1): 2-10.

Shanmugam G. 1996b. Perception vs. reality in deep-water exploration[J]. World Oil, 217: 37-41.

Shanmugam G. 1997. The Bouma Sequence and the turbidite mind set[J]. Earth Science Reviews, 42(4): 201-229.

Shanmugam G. 2000. 50 years of the turbidite paradigm (1950s—1990s): deep-water processes and facies models—a critical perspective[J]. Marine and Petroleum Geology, 17(2): 285-342.

Shanmugam G. 2002. Ten turbidite myths[J]. Earth Science Reviews, 58(3): 311-341.

Shanmugam G, Moiola R J. 1997. Reinterpretation of depositional processes in a classic Flysch sequence (Pennsylvanian Jackfork Group), Ouachita Mountains, Arkansas and Oklahoma[J]. AAPG Bulletin, 81(3): 449-459.

Shanmugam G, Zimbrick G. 1996. Sandy slump and sandy debris flow facies in the Pliocene and Pleistocene of the gulf of Mexico: Implications for submarine fan models: Abstract[J]. AAPG Bulletin, 78(6): 910-937.

Shepard F P, Dill R F. 1966. Submarine canyons and other sea valleys[J]. Journal of Geology, 77(6): 381.

Shoosmith D R, Richardson P L, Bower A S, et al. 2004. Discrete eddies in the northern North Atlantic as observed by looping RAFOS floats[J]. Deep-Sea Research Part Ⅱ, 52(3): 627-650.

Sobel E R, Dumitru T A. 1997. Thrusting and exhumation around the margins of the western Tarim Basin during the India-Asia collision[J]. Journal of Geophysical Research, 102(B3): 5043-5063.

Stauffer M R. 1967a. Tectonic strain in some volcanic, sedimentary, and intrusive rocks near Canberra, Australia: a comparative study of deformation fabrics[J]. New Zealand Journal of Geology and Geophysics, 10(4): 1079-1108.

Stauffer M R. 1967b. The problem of conical folding around the barrack creek Adamellite, Queanbeyan, New South Wales[J]. Australian Journal of Earth Sciences, 14(1): 49-56.

Stauffer P H. 1967. Grain flow deposits and their implications, Santa Ynez Mountains, California[J]. Journal of Sedimentary Petrology, 37: 487-508.

Stix J. 2001. Flow evolution of experimental gravity currents: implications for pyroclastic flows at volcanoes[J]. The Journal of Geology, 109(3): 381-398.

Stow D A V, Johansson M. 2000. Deep-water massive sands: nature, origin and hydrocarbon implications[J]. Marine and Petroleum Geology, 17(2): 145-174.

Talling P J, Amy L A, Wynn R B, et al. 2004. Beds comprising debrite sandwiched within co-genetic turbidite: origin and widespread occurrence in distal depositional environments[J]. Sedimentology, 51(1): 163-194.

Tibaldi A, Corazzato C, Marani M, et al. 2009. Subaerial-submarine evidence of structures feeding magma to Stromboli Volcano, Italy, and relations with edifice flank failure and creep[J]. Tectonophysics, 469(1): 112-136.

Tunner W S, Middleton R G, Watson R W, et al. 1970. Repair of an intrarenal arteriovenous fistula with preservation of the kidney[J]. Journal of Urology 103(3): 286-289.

Valladares M I. 1995. Siliciclastic-carbonate slope apron in an immature tensional margin (Upper Precambrian-Lower Cambrian), Central Iberian Zone, Salamanca, Spain[J]. Sedimentary Geology,

94(3-4): 165-186.

Van Wagoner J C, Posamentier H W, Mitchum R M, et al. 1988. An overview of the fundamentals of sequence stratigraphy and key definitions[J]. Society of Economic Paleontologists and Mineralogists Special Publication, 42: 39-46.

Walker J R, Massingill J V. 1970. Slump features on the Mississippi fan, Northeastern Gulf of Mexico[J]. Geological Society of America Bulletin, 81(10): 3101.

Waltham D. 2004. Flow transformations in particulate gravity currents[J]. Journal of Sedimentary Research, 74(1): 129-134.

Weirich F H. 1989. The generation of turbidity currents by subaerial debris flows, California[J]. Geological Society of America Bulletin, 101(2): 278-291.

Wynn R B, Masson D G, Stow D A V, et al. 2000. The Northwest African slope apron: a modern analogue for deep-water systems with complex seafloor topography[J]. Marine and Petroleum Geology, 17(2): 253-265.

Yang R C, Fan A P, Han Z Z, et al. 2017. Lithofacies and origin of the Late Triassic muddy gravity-flow deposits in the Ordos Basin, central China[J]. Marine and Petroleum Geology, 85: 194-219.

Zavala C, 潘树新. 2018. 异重流成因和异重岩沉积特征[J]. 岩性油气藏, 30(1): 1-18.

Zuo X C, Li C L, Zhang J L. 2020. Geochemical characteristics and depositional environment of the Shahejie Formation in the Binnan Oilfield, China[J]. Journal of Geophysics and Engineering, 17: 539-551.